认知心理学

沅 深 著

中国商业出版社

图书在版编目（CIP）数据

认知心理学 / 沉深著. -- 北京 : 中国商业出版社, 2025. 1. -- ISBN 978-7-5208-3305-9

Ⅰ. B842.1

中国国家版本馆 CIP 数据核字第 2025M7R014 号

责任编辑：郑　静
策划编辑：刘万庆

中国商业出版社出版发行
（www.zgsycb.com　100053　北京广安门内报国寺 1 号）
总编室：010-63180647　　编辑室：010-83118925
发行部：010-83120835/8286
新华书店经销
三河市金泰源印务有限公司印刷
*
710 毫米 ×1000 毫米　16 开　11 印张　150 千字
2025 年 1 月第 1 版　2025 年 1 月第 1 次印刷
定价：39.80 元
* * * *
（如有印装质量问题可更换）

目录 CONTENTS

第一章

认知操纵简介

第二章

认知心理学基础

第三章

宣传与社会心理学

第四章

宣传策略与传播学

第五章

认知操纵的案例分析

第六章

认知调谐与心理抵抗

第七章

信息过载与认知处理

第八章

理性选择与决策思维

第九章

清醒思考与独立思维

第十章

认知操纵与未来趋势

第一章

认知操纵简介

1.1 认知操纵的定义与背景

在当今信息时代，其影响力早已超越了传统的广告宣传范畴，涉及政治、商业、社会等各个领域。而在这样一个大环境中，我们往往会发现自己不知不觉受到了他人思想和行为的影响，自己的认知也在无形之中被操纵。

在日常生活中，我们经常受到各种形式的认知操纵，其中一个典型例子就是社交媒体平台对我们的认知操纵。每当我们浏览社交媒体时，我们所看到的内容并非完全随机的，而是经过平台算法筛选、优化后呈现给我们的。这种算法会根据我们的浏览、点赞、分享等行为，推送与我们兴趣相符的内容，同时屏蔽与之相悖的信息，从而影响我们的信息获取和认知形成过程。

这种信息过滤算法的运作机制看似为我们提供了更加个性化的服务，但实质上却可能使我们陷入信息茧房，只能看到自己感兴趣、认同的内容，而忽略了其他不同的声音。例如，如果一个人在社交媒体上频繁关注健身话题，那么他很可能会看到更多与健身相关的内容，而较少接触到其他领域的信息。这样的信息过滤可能导致我们形成狭隘的观点，无法客观地看待事物，陷入信息孤岛，甚至被误导或操纵。

因此，被社交媒体平台上的信息过滤算法操纵是一个在日常生活中我们遭受认知操纵的典型例子。通过了解这一现象，我们可以更加谨慎地对待社交媒体上的信息，保持开放的思维，主动寻找多元的观点，避免被信息过滤算法左右，从而提高我们的信息素养，增强抵御认知操纵的能力。

认知操纵，顾名思义，即通过操纵人们的认知过程来影响其思想和行为。它不是简单地向人们传递信息，而是在心理学、社会学等知识的基础上，利用精心设计的宣传策略，影响人们的思维方式、价值观念，进而达到操纵其行为的目的。认知操纵是宣传的一种高级形式，其目的往往是实现某种政治、经济或社会目标。

一个历史上著名的认知操纵案例是美国政府在20世纪60年代对越南战争进行的宣传，特别是所谓的“吸血鹰”（Blood Thirsty Eagle）事件。在这个事件中，美国政府通过宣传媒体大肆渲染北越人民军部队和越共军队的“邪恶”形象，将他们描绘成“共产主义的威胁”“全球自由的敌人”，以此来获取美国公众对战争的认同和支持。

这种宣传不仅仅局限于文字报道和新闻片段，还包括了虚构的场景和恶意的描述。在越南战争时期，为了煽动国内民众情绪，美国政府发布的一些宣传片段中展示了北越士兵残忍杀害美国士兵并割下其头颅的场景，这些场景在当时的美国社会引发了民众极大的愤怒和恐慌。

美国社会学家赫伯特·葛尔芬克尔通过分析这些宣传手段，提出了“战争文化”（War Culture）的概念。他认为，美国政府通过媒体将战争塑造成一种“正义”的行动，使其成为一种“文化”符号，从而操纵了公众的认知和情感，获得了公众对战争的支持。

此外，美国心理学家斯坦利·米尔格拉姆也对这种宣传对人产生的心理影响进行了研究。他认为，美国政府在越战期间通过宣传操纵了公众的情绪和意识，使他们对战争产生了盲目的支持和认同，忽视了战争带来的真实伤害和破坏。

要理解认知操纵的背景，我们就不得不提及宣传的兴起与发展过程。宣传作为一种社会现象，早在古代就已存在，但其真正大规模的运用始于现代工业化社会的兴起。工业革命以及信息技术的进步，为宣传提供了更为广泛和便捷的传播渠道，使其影响力得到了极大的扩展。在这样的背景下，宣传不再局限于政治领域，而是渗透到了社会生活的方方面面。

传播学领域的知名学者沃尔特·李普曼对认知操纵与宣传的关联性进行了深入的分析。他在其著作《公众舆论》（*Public Opinion*）中探讨了宣传是如何影响公众的认知和行为，并强调了宣传对个体和社会的巨大影响。

李普曼认为，宣传是一种塑造公众舆论和意识形态的强大工具，通过精心设计的信息传播和舆论引导，可以操纵公众的认知和情感，进而影响其行为。他指出，现代社会中的大众很难直接接触到事实和真相，只能通过媒体等间接渠道获取信息，而信息又会在选择、加工和传播过程中受到宣传的影响，因此大众的认知在不知不觉中被操纵。

李普曼将宣传比喻为一个"公共舞台"，在这个舞台上，各种利益集团通过宣传手段竞相表演，争夺公众的注意力和支持。他认为，宣传不仅仅是一种单向的信息传递，更是一个塑造舆论、影响社会意识形态的过程，其目的是实现特定的政治、经济或社会目标。

李普曼还强调了宣传对个体心理的影响。他指出，人们往往受到宣传的影响，形成一种"伪现实"的认知，即将宣传中的虚假信息视为真实，而忽视或否认真实的事实。这种认知偏差导致个体的行为与实际情况不符，进而影响整个社会的运行和发展。

李普曼的分析揭示了宣传与认知操纵之间的密切关系。他认为，宣传是一种对公众意识形态和行为的操纵，其影响力远远超出了人们的想象。这种观点为我们深入理解宣传对社会和个体的影响提供了重要的理论基础，也给我们应对认知操纵提供了警示和启示。

随着社会的发展，宣传的形式也在不断变化。从最早的口口相传、文字宣传，到现在的广播电视广告、互联网宣传，宣传的手段和方式越来越多样化、多媒体化。与此同时，随着心理学、社会学等学科的发展，人们对宣传的影响机制也有了更深入的理解，认知操纵作为其中的重要内容逐渐受到了关注。

认知操纵的背后是人们对信息的渴求和对权威的盲从，是社会环境的变化和科技的进步，是宣传策略的精心设计和心理学原理的运用。了解认知操纵的定义与背景，有助于我们更深入地理解宣传对我们的思想和行为的影响，从而提高我们的思想独立性，增强我们抵御认知操纵的能力。

1.2 宣传的力量与影响

宣传，源自拉丁语“propaganda”，原本意为“传播”或“宣扬”。但在现代，它更多地指代一种带有目的性的信息传播，旨在影响人们的观念和行为。宣传作为一种强大的信息传播手段，其力量和影响力在历史上被反复彰显。从纳粹德国的极权统治到冷战时期的宣传战，再到越战期间的舆论危机，宣传在塑造公众意识和行为方面发挥了不可忽视的作用。我们需要深入探讨宣传的本质、机制以及对个体认知的影响。其中，宣传发生作用的“内部”机制，我们很有必要了解一下。

1. 选择性地呈现信息

我们能看到的宣传往往是选择性地呈现信息，强调某些方面，忽略或淡化其他方面，以达到发起者特定的目的。这种选择性呈现可以通过各种媒体进行，如广播、电视、报纸等，从而影响公众对特定话题的认知。

2. 情感化和情绪化

很多宣传会利用情感化和情绪化的手法，通过激发人们的情绪或触发他们的反应，来影响其观念和行为。例如，通过感人的故事、动人的画面或夸张的描述，宣传可以引起公众的情感共鸣，从而更容易操纵他们的行为和决策。在冷战时期，美国和苏联展开了激烈的宣传战。双方利用广播、电视、报纸等媒体，在国际舞台上竞相宣传各自的意识形态和政治制度。这种宣传战影响了全球范围内的舆论，加剧了两个超级大国之间的对立和竞争。

3．建立和维护权威和信任

宣传常常利用权威性的内容，来增强其可信度，比如专家意见，从而使公众更倾向于接受其信息和观点。信息发布方通过展示专家的支持、有效的证据或其他权威性的内容，来建立和维护公众对其的信任，进而影响公众的认知和行为。越南战争期间，美国政府试图通过宣传来塑造公众对战争的认知，但随着战局的恶化和反战情绪的抬头，宣传的效果逐渐削弱。

宣传不仅在群体层面上产生影响，也在个体层面上对认知操纵产生深远影响。作为个体，我们在日常生活中接触到的各种信息源在不断塑造着我们的认知和行为。比较常见的一些商业广告，会通过产品推广和生活方式展示，影响消费者的购买决策和消费习惯。比如，“双十一”电商购物节，还有其他各种层出不穷的“节日”及“仪式感”，刺激消费者消费；公益宣传通过感人的故事和能引起共鸣的人物形象，呼吁人们关注环保、健康等议题，促使公众改变行为习惯，积极参与社会公益活动等。

作为一种重要的信息传播手段，宣传可以通过影响群体认同和意识形态、塑造认知偏差与虚假现实、控制信息流与舆论导向以及引导行为与影响决策等手段，有效地操纵公众的思想和行为，从而达到宣传者特定的宣传目的。宣传的影响路径主要包括以下几个方面：

通过巧妙的宣传手段，宣传者可以激发群体的情感共鸣，形成群体共同的价值观念和信念体系，从而塑造群体的认同和意识形态。这种群体认同不仅可以加强社会团结，还可以为实现特定的政治、经济或社会目标提供坚定的支持。

通过精心编制的宣传信息，宣传者可以将虚假的信息呈现给公众，引导其形成一种“伪现实”的认知，塑造个体的认知偏差，使其对现实世界产生误解或形成片面的看法，从而使个体无法客观地看待事物，容易被误导或操纵，进而影响其思想和行为。

通过控制媒体资源和信息传播渠道，宣传者可以选择性地发布信息，通过筛选、篡改或歪曲事实，控制信息流和舆论导向，以达到特定的宣传目的。这种信息的选择性传播，使公众无法获取到全面和客观的信息，从而容易为宣传者所操纵。

通过精心设计的宣传策略和心理学原理的运用，宣传者可以激发公众的情感和欲望，影响其消费选择、政治立场或社会行为，引导人们的行为和影响其决策。这种行为的引导和决策的影响，使宣传者能够实现其特定的政治、经济或社会目标，从而达到操纵公众认知的目的。

由此可见，宣传作为一种强大的社会影响力量，对个体和社会都具有重要意义。了解其运作机制和影响路径，有助于我们更加理性地看待宣传信息，保持警惕和独立思考，以免被一些“别有用心”的宣传者左右。同时，宣传者应该承担起相应的社会责任，积极倡导公正、真实、诚信的宣传行为，促进社会的和谐稳定发展。

1.3 认知操纵与心理学的关系

要研究认知操纵与心理学之间的关系，首先，我们需要探讨认知操纵和心理学对人类思维和行为的重要性。

认知操纵是指通过各种手段影响、改变或控制个体的认知过程，影响范围包括个体的注意力、记忆、学习和决策等；而心理学是研究人类行为和心理活动的科学领域，包括认知心理学、社会心理学、临床心理学等分支。在认知心理学领域，研究者探讨了许多影响认知过程的因素，包括外部环境的影响，如广告、媒体、社交环境等；以及内部因素，如个体的信念、期望、情绪状态等。这些因素对个体的认知过程和行为产生着重要影响。

接下来，我们看一下在实践过程中，认知操纵是如何利用心理学的知识和方法来达到特定的目的的。

在实践过程中，认知操纵通常会利用心理学的知识和方法，通过操纵以下因素来达到特定的目的，比如改变我们的态度、行为或购买决策。心理学研究也经常涉及认知操纵的相关知识，尤其是在广告、营销、宣传和舆论引导等实际应用领域。这些实例不仅能够帮助我们更好地理解人类认知和行为，也为认知操纵提供了理论基础和实证支持。

由此可见，认知操纵与心理学之间有着密切的关系，心理学领域的研究成果为认知操纵提供了理论支持和实践指导，而认知操纵的实践又反过来促进了心理学理论对人类认知和行为的理解。它们相互促进、相互影响，共同构成了人类思维和行为的复杂网络。我们可以通过一些例子来揭示认知操纵与心理学在广告、政治宣传和媒体等领域的运用及其对个体与社会的影响。

广告是心理学知识应用于认知操纵的典型案例之一，早在20世纪初期，美国的广告业就开始运用心理学原理来促进产品销售。以可口可乐为例，20世纪初期的可口可乐广告采用情感营销策略，将产品与快乐、友谊、家庭等元素联系起来，从而潜移默化地影响消费者的购买决策。这种情感营销策略背后蕴藏着心理学的力量，即人们更倾向于购买与积极情感相关联的产品，从而实现操纵消费者认知的目的。

政治宣传也是认知操纵的重要应用领域之一，20世纪的纳粹德国就是一个典型例子，纳粹政权通过其庞大的宣传机器，利用重复、情感激发和威权主义来操纵民众的认知。例如，纳粹政权通过大规模的宣传活动，不断宣传其意识形态和领袖形象，从而深刻地影响了德国民众的思想和行为。这种政治宣传背后也蕴含着心理学的原理，进一步彰显了认知操纵与心理学的密切联系。

媒体是塑造认知的重要工具之一。综艺节目《国家宝藏》不仅展示了中国历史文化遗产的珍贵之处，更是通过精心策划的叙事和节目形式，影响了观众的认知与情感体验。从心理学角度来看，节目通过讲述文物背后的历史故事、展示文物的艺术品质以及讨论文物对于传承中华文化的重要性，引发了观众的情感共鸣和认知转变，也激发了观众对文化保护和文化传承的思考。这一综艺节目体现了媒体对认知操纵的重要作用，并与心理学的相关理论相互印证。

心理学为认知操纵提供了坚实的理论基础。例如，认知失调理论解释了人们在面对信息冲突时的心理反应，当个体的信念与接收到的信息不一致时，个体会产生一种不适感，进而采取调整信念或忽视信息的方式来减轻这种不适。这种理论揭示了人们的认知容易受到操纵的原因之一：我们倾向于回避不一致的意见和不适的感受，因此更容易接受与已有信念一致的信息，而忽视与之相悖的信息。

情感共鸣是另一个心理学理论，它解释了人们为何会对某些情境或故事产生强烈的情感反应。媒体经常利用情感共鸣来影响观众，通过讲述感人的故事或展示引起共鸣的人物形象来增加观众的情感投入。这种情感投入可以使观众更容易受到媒体的影响，甚至改变他们的态度和行为。了解这些心理学理论有助于我们识别和理解认知操纵的手段。然而，理解认知操纵只是一部分，我们还需要主动采取措施来保护自己。

首先，培养批判性思维是至关重要的。我们应该学会质疑信息的来源和真实性，以及思考信息背后的意图和目的。其次，提高自己的媒体素养也是必要的。有意识地发展对媒体和信息的理性认知，提高自身的信息辨别能力，以防止受到不良信息的影响。最后，维护心理健康也是防范认知操纵的重要手段。通过保持良好的心理健康状态和自我认知能力，我们可以更好地识别和应对外界对我们的认知操纵，从而保护自己的思维独立性。

在当今信息化时代，认知操纵已经成为一种普遍存在的现象。通过深入了解认知操纵与心理学之间的关系，并采取有效的保护措施，我们可以更好地保护自己的认知独立性，保持理性思考，从而更好地适应和应对复杂多变的信息环境。

1.4 社会学视角下的认知操纵

社会学视角是从社会学的角度来审视和理解社会现象、社会问题以及人类行为的一种方法或途径。社会学是研究社会结构、社会关系和社会变迁的学科，它关注的是人类在社会环境中的相互作用、组织形式以及人类对社会规范和价值观念的认知和反应。

在我们的生活中，社会学通过探讨社会结构和社会关系、解析社会问题和挑战、促进社会变革和发展、增进个人认知和自我意识等方面对复杂的社会现象进行多角度的理解和分析。所以，以社会学的视角看待问题对我们的生活具有重要意义，它不仅帮助我们理解社会的结构和运作机制，还有利于解决实际问题，促进个人认知的提高。

从社会学视角来看，认知操纵可以被视为社会中的权力和影响力的一种表现形式，它涉及个体认知和群体认知被外部力量影响和塑造的过程。所以我们把社会学视角下的认知操纵理解为社会力量通过各种手段和途径来影响个体和群体的认知过程，从而塑造其观念、态度和行为。

首先，认知操纵常常与权力和控制相关联。在权力不均衡的社会结构中，一些群体或机构可能利用认知操纵来巩固或加强其权力地位，控制他人的认知和行为。这种操纵可能表现为政治宣传、舆论引导、经济利益集团的影响力等。如前文提到的，在 19 世纪 30 年代的纳粹德国，纳粹政权利用广泛的宣传机器，如海报、广播和电影，向民众灌输种族主义和纳粹意识形态。通过宣传，纳粹政府成功地操纵了大众的认知，使他们相信犹太人是德国社会的敌人，并将希特勒塑造成了强大的领袖形象。社会学上将这种操纵解析为权力结构利用媒体和意识形态来维持其统治，并通过集体认同来强化群体认知。

其次，认知操纵也可以被视为社会控制的一种手段。通过塑造特定的价值观念、规范和行为模式，社会机构和权力结构可以影响个体和群体的认知方式和行为选择，从而实现社会的稳定。在某些国家，政府可能通过强制教育体系来塑造和控制人们的价值观念和行为模式。例如，朝鲜的教育系统强调对领袖的忠诚和集体主义，通过教育向下一代国民灌输这种价值观念，以维持政权的稳定。社会学上将这种操纵解析为政府利用教育系统来传播特定的意识形态，从而控制和规范人们的行为。

再次，认知操纵在文化生产和意识形态传播中也起着重要作用。特定的文化产品、符号和价值观念被操纵和传播，会影响人们的认知和身份认同。这种操纵可以通过教育、媒体、艺术等渠道实现，塑造社会的文化氛围，形成共识。当今社会，一些大型科技公司通过社交媒体平台和互联网搜索引擎等工具操纵用户的价值观念。例如，社交媒体平台可以通过算法推荐内容，将用户暴露于特定的信息和观点之下，从而影响其认知和态度。社会学上将这种操纵解析为商业利益集团利用科技平台来塑造用户的认知，影响其行为选择，以实现利润最大化。

最后，社会学领域也会关注认知操纵的反抗和解构。在认知操纵的背后，往往存在着被操纵者的反抗。个体和群体可能通过批判性思维、社会运动和文化创造等方式，对认知操纵进行反抗和解构，寻求自主性和解放。在一些社会中，个体和群体通过社会运动和文化创造来对抗认知操纵。例如，#MeToo 运动通过社交媒体平台和公共场合的抗议活动，揭露了性别歧视和性侵问题，从而挑战了传统的权力结构和文化观念。社会学上将这种反抗解析为被操纵者通过集体行动和文化表达，来对抗权力结构和主流意识形态，以实现社会变革和解放。

我们理解认知操纵时不仅需要关注其表面现象，还需要深入分析其背后的社会结构和权力关系，以及被操纵者的反应和反抗。面对认知操纵，我们可以采取一些策略来应对和抵抗。

培养批判性思维能力。学会分析和评估信息的来源、真实性和可信度，不轻信表面的信息和宣传，提高对信息的辨别能力。

采用多元化的信息获取渠道。不是依赖单一来源的信息，而是通过多种渠道获取信息，包括不同的媒体、社交网络、学术研究等，以获得更全面、客观的视角。

保持开放心态。保持开放的思维和心态，接受不同观点和意见的存在，不断学习和思考，避免陷入信息茧房和被意识形态限制。

接受教育和培训。通过专业的教育和培训，我们可以提高自己的社会认知和批判性思维能力，从而更好地应对认知操纵。

建立支持网络。与志同道合的人建立支持网络，共同交流和讨论社会议题，互相启发和支持，增强对认知操纵的抵抗力量。

第二章

认知心理学基础

2.1 认知心理学概述

认知心理学是一门研究人类思维和行为的学科。它关注的是我们如何感知、理解、处理和记忆信息。简单来说，就是研究我们的大脑是如何工作的。我们的思维和行为影响着生活的方方面面，包括学习、工作、社交等。了解认知心理学有助于我们更好地理解自己和他人，提高学习效率，改善人际关系。

认知心理学的起源可以追溯到19世纪末的实验心理学，到20世纪后半叶它才真正成为一门独立的学科，20世纪70年代，认知心理学成为西方心理学的主要流派。认知心理学的崛起被认为是“认知革命”的一部分，在这个时期，心理学的研究方法和研究领域有了重大的调整和转变。1956年被认为是认知心理学史上的重要年份。在这一年里，几项心理学研究都体现了心理学的信息加工观点。如乔姆斯基的语言理论以及纽厄尔和西蒙的“通用问题解决者”模型。

唐纳德·布罗德本特于1958年出版的《知觉与传播》一书为认知心理学的取向奠定了重要基础。此后，认知心理学取向的重点便建立在唐纳德·布罗德本特所指出的认知的讯息处理模式上——一种以心智处理来思考与推理的模式。因此，思考与推理在人类大脑中的运作与电脑软件在电脑里的运作相似。认知心理学理论时常谈到输入、表征、计算或处理，以及输出等概念，其关注的焦点是人类的认知过程，包括知觉、注意、记忆、语言、问题解决和决策等。

认知过程是认知心理学的核心内容之一，它涉及人类思维如何感知、理解、处理和记忆信息。这些过程可以通过实验研究和观察来加以理解，例如，通过实验来研究人们在解决问题时的思考过程，或者通过脑成像技术来观察大脑在执行认知任务时的活动。比较常见的还有“注意力分配”，当我们在阅读一本书时，我们的注意力会集中在文字和内容上，而忽略周围的环境和其他外界刺激，这展示了注意力是如何在认知过程中被分配和控制的。

比较重要的还有认知结构，认知结构指的是人类大脑中的信息处理系统，包括各种认知模块和子系统。这些结构通过相互作用来产生复杂的思维，指导人的行为。其中，著名的认知结构之一是“工作记忆”，它负责短期信息的存储和处理。想象你正在解一道数学题，首先需要将题目中的信息暂时存储在工作记忆中，然后再利用这些信息进行计算和推理。

工作记忆的容量和操作能力会影响你解决问题的效率和准确性。与此相关的还有你的“长期记忆”，当你回忆起童年时的美好记忆或学习过的知识时，你实际上是从长期记忆中检索并重现了这些信息。长期记忆的结构和存储方式影响着我们对过去的经历和知识的理解与使用。

认知心理学还采用了多种方法来研究人类的思维和行为。其中，最常用的方法之一是通过实验来控制和操作变量，以便观察和测量不同的认知过程。

认知心理学的研究成果对于多个领域都具有重要的应用意义。在教育领域，认知心理学的理论可以指导教学方法和学习策略的设计，在进行教学设计时，教师可以根据学生的年龄和认知发展水平，采用不同的教学方法和策略，以促进他们的学习和发展。例如，针对幼儿的教学可以强调感知和动手操作，而针对青少年则可以注重逻辑推理和问题解决能力的培养。

在临床心理学中，它可以帮助诊断和治疗认知障碍，如注意缺陷与多动障碍（ADHD）和认知功能障碍。在治疗认知功能障碍时，临床心理学家可以使用认知行为疗法（CBT）等方法，帮助患者改变消极的思维模式和行为习惯，从而缓解焦虑、抑郁等问题。

认知心理学是研究人类思考、学习和解决问题等认知过程的科学领域。对普通人而言，认知心理学具有重要意义。

首先，它能帮助人们了解自己的思维方式和行为模式，促进自我认知和自我管理，从而使人们更好地应对生活中的挑战和压力。其次，认知心理学的理论和方法有助于提高学生的学习效率，教育工作者可以根据这些原理设计更有效的教学方法，帮助学生更好地理解和应用知识。

此外，认知心理学研究了人们是如何处理信息、进行推理和做出决策的，这些知识对提高人们的问题解决能力和决策质量至关重要。良好的人际关系对于个人的幸福和成功至关重要，认知心理学可以帮助人们理解他人的思维方式和情感需求，从而改善人际关系。最后，认知心理学还提供了有效的心理健康干预和治疗方法，如认知行为疗法，帮助人们应对焦虑、抑郁等心理问题，提升心理健康水平。

由此可见，认知心理学是一门实用性很强的学科，它的研究成果不仅有助于我们更好地理解人类思维和行为，还可以为解决现实生活中的问题提供有益的启示和指导。因此，认知心理学不仅是一门学科，更是一种帮助我们理解自己和他人的工具。通过学习认知心理学，我们可以更好地认识自己的思维方式，提高生活质量、工作效率和心理健康水平，有效解决生活中的问题。

2.2 认知失调理论

认知失调理论是由美国社会心理学家利昂·费斯廷格于 1957 年提出的一种心理学理论，用来解释人类的认知和行为的不一致以及认知上的紧张状态。该理论认为，当人们的认知（思想、信念、态度等）与其行为或新获得的信息相冲突时，就会产生认知失调，引发一种不愉快的心理状态，促使人们寻求减少这种不一致的方式，以恢复内在的一致性和平衡。

具体来说，认知失调是指人们在认知层面上的矛盾和冲突，即个体的信念、态度等在与其现实经验或新获得的信息不一致时所产生的心理不适感。这种不适感可以表现为焦虑、压力、矛盾感等，驱使个体采取行动来减轻这种不一致性，恢复心理平衡。认知失调可以源自多种因素，包括但不限于以下几点。

1. 认知不一致

个体的信念、态度或价值观与其行为或新获得的信息相矛盾，引发认知不一致。

比如，一个人深知吸烟对健康有害，但仍然继续吸烟。

一个人意识到塑料污染对环境的影响，但仍然经常使用一次性塑料制品。

一个人梦想着成为一名艺术家，但出于稳定性和安全性的考虑，选择了一份无聊的办公室工作。

2. 选择和决策

当个体需要做出选择或决策时，可能会面临不同选项之间的认知冲突，导致认知失调。

比如，一个人在购物时发现一件心仪的商品，但他意识到自己的预算有限，因此需要在购买欲望和财务实力之间做出选择，这可能导致认知上的冲突。

一个人在考虑是否要接受一份新工作时，发现新工作的薪水很高，但工作内容不符合他的职业兴趣和价值观，这导致了他在薪水和职业满意度之间的左右摇摆。

3. 社会比较

个体常常通过与他人进行比较来评价自己的行为或价值观，当发现自己与他人有差异时，可能会引发认知失调。

比如，一个人在社交媒体上看到朋友发布了华丽的度假照片，与此同时，他自己无法承受这么昂贵的旅行费用，这可能让他感到自己的生活水平不如他人，引发认知上的失调。

一个人在工作中发现同事升职了，而自己没有，尽管他知道每个人的职业道路不同，但这种比较仍然让他感到自己的职业成就不足，导致认知上的失调。

一个人与他人比较自己的家庭生活，发现自己的家庭关系或孩子的表现落后于他人，这可能导致他感到自己的家庭不如他人幸福，从而产生认知上的失调。

4. 新信息的接受

当个体接收到与其原有信念或态度相矛盾的新信息时，可能会产生认知失调。

比如，一个人长期以来一直坚信自己的饮食习惯是健康的，但后来了解了最新的科学研究结果，原来某种他经常食用的食物实际上对健康有害。尽管他一直坚信自己的饮食习惯是正确的，但面对这个与原有信念相矛盾的新信息，他可能会感到困惑和焦虑，进而产生认知失调。他需要重新评估自己的饮食选择，并做出相应的调整，以解决这种认知冲突。

认知失调理论提出了一种心理机制，指出了人们该如何减轻认知失调的不适感。主要包括以下几种方式。

1. 改变认知

我们可以通过改变自己的信念、态度或行为来减轻认知失调。例如，如果一个人发现自己的行为与其价值观不一致，他可能会通过改变行为或重新塑造自己的价值观来减轻这种不一致性。

比如，一个人长期以来认为环保是重要的，但他的行为却并没有践行这一价值观。他经常使用一次性塑料制品，不进行垃圾分类，或者经常开车而不选择乘坐公共交通工具。当他意识到自己的行为与环保的价值观不一致时，他可以通过改变自己的行为来减轻这种认知失调。例如，减少使用一次性塑料制品，进行垃圾分类，或更频繁地乘坐公共交通工具。通过这些行为上的改变，他可以更好地让自己的行为与价值观保持一致，减轻认知失调感。

2. 寻求支持

我们可以通过与他人交流、寻求社会支持来缓解认知失调带来的压力。与他人交流自己的矛盾和困惑，可能会获得理解和建议，帮助个体更好地处理认知失调。

比如，一个人在工作中遇到了困难，这导致他对自己的职业选择产生了困惑，他可能感到焦虑、不安，不知道应该如何应对。在这种情况下，他可以选择与朋友、家人或老师进行交流，表达自己的矛盾和困惑。通过倾听他人的意见和建议，他可能会有新的思路，从而帮助自己做出明智的决策。这种寻求社会支持的过程可以帮助他缓解认知失调带来的压力，更好地应对困境。

3．增加认知

我们可以通过获取更多的信息或对现有信息进行重新解释来减轻认知失调感。通过更深入地了解问题，个体可能会发现原先认为矛盾的信息其实并不矛盾，从而减轻认知失调的程度。

比如，很多人在面对重要的医疗决策时都会感到困惑，往往是已经收集了一些关于治疗选择的信息，但仍然觉得很多地方存在矛盾。在这种情况下，他们需要通过获取更多的信息或重新解释现有的信息来减轻认知失调。他们会尽可能深入地研究不同治疗方案的优缺点、风险和效果，咨询多位医生，或者寻找其他患者的经验和意见。通过更全面、深入地了解问题，他们可能会发现原本认为矛盾的信息并不矛盾，从而减轻了认知失调感，使自己更有信心做出正确的决定。

认知失调不仅会影响我们的心理状态，还可能对我们的行为和决策产生重要影响。一些研究表明，认知失调可以激发个体采取行动来减轻不一致性，促使其更积极地寻求解决方案或改变自己的行为。然而，如果认知失调无法得到有效缓解，可能会导致个体的情绪问题，增加心理健康隐患，甚至影响其生活质量和社会适应能力。

认知失调理论的提出为我们理解个体的行为和心理过程提供了重要的理论框架，同时也为社会心理学领域的研究和实践提供了有益的启示和指导：在社会心理学的研究领域，研究人员经常利用认知失调理论来探究人们的决策过程、社会行为以及意识形态变化等方面；在心理治疗领域，认知失调理论也被用于帮助个体解决认知冲突和情绪问题，促进其心理健康和生活质量的提高。

2.3 合理化与认知失调

在认知心理学中，合理化是指个体为自己或他人的行为、决策或信念找到一个合理的理由的过程。这一概念与认知失调理论密切相关，因为在面对认知失调时，人们往往会通过合理化来减轻不一致或冲突的认知状态。合理化与认知失调之间的关系是心理学研究中的一个重要课题，它揭示了人类在面对认知不一致时会倾向于采取何种方式来恢复内部一致性。

认知失调理论认为，我们在面对认知不一致时会感到不适，因为这种不一致与其现有的认知结构不符。为了恢复认知的内在一致性，我们倾向于采取各种策略来减轻认知失调的程度。这里提到的合理化是指个体在面对认知不一致或冲突时，通过寻找合理的解释或理由来减轻不愉快的认知状态。这种合理化的过程往往会导致人们接受或支持与其原有信念或行为不一致的观点或行为。

比如，当一个人知道吸烟对健康有害，但自己又是个烟民时，他可能会通过一些合理化的方式来减轻认知失调。他可能会说："吸烟可以解压，我只是偶尔吸一两支，影响应该不大。"这种合理化的过程帮助他在行为和信念之间找到一种看似合理的平衡，尽管事实上吸烟对健康确实有害。

合理化是改善认知失调的一种常见策略。合理化的方式多种多样，其中包括修改认知、寻找新的信息、减轻后悔等。例如，当一个人发现自己的行为与价值观不一致时，他可能会改变自己的认知来合理化自己的行为，或者寻找新的信息来支持自己的决定。此外，人们还会倾向于选择那些与自己的已有信念相符的信息，以减轻认知失调带来的不适感。

当一个员工在工作中没有完成自己的任务时，可能会面临认知失调，因为这种行为与他们对自己的工作表现的期望不一致。在这种情况下，员工往往会采取以下合理化策略：修改认知——员工可能会告诉自己，未完成任务是因为工作量过大或者任务分配不合理，而不是因为自己不努力或者不负责；寻找新的信息——他们可能会寻找一些理由或者解释来支持自己的行为，比如其他同事也没有完成；减轻后悔——员工可能会告诉自己，未完成任务并不会对工作造成严重的影响，或者寻找其他工作中的成就来调节自己的认知。

通过这些合理化策略，员工可以在一定程度上减轻自己的不适感，尽管他们的行为与职场一开始的价值观和期望不一致。

合理化与认知失调密切相关，它们共同构成了人类心理活动中的重要部分。了解合理化的机制可以帮助我们更好地理解人们为何会选择特定的行为或信念，并为我们采取更有效的沟通和行为策略提供理论依据。

合理化的心理机制涉及个体对信息的选择性加工和解释，以及对不一致信息的认知过程。在合理化过程中，个体往往会更加关注与其原有信念或行为一致的信息而忽视不一致的信息，这种方式能减轻个体认知失调的程度。以下列举了一些比较常见的合理化类型。

1. 行为合理化

个体通过寻找合理的理由来解释自己的行为，从而减轻认知失调带来的不适感。

例如，一个有烟瘾的人可能会合理化自己的吸烟行为，认为抽烟可以减轻压力或增加社交机会。

2．信念合理化

个体通过寻找合理的理由或证据来支持自己的信念或观点，即使这些信念或观点与现实或他人的观点不一致。

例如，一个人可能会忽视与其政治立场不一致的信息，而更加关注与其立场一致的信息，以维持自己的信念。

3．决策合理化

个体通过寻找合理的解释来支持自己的决策，即使这些决策可能存在风险或不确定性。

例如，一个投资者可能会合理化自己的投资决策，认为市场波动只是短期的，而自己的投资策略是长期有效的。

4．社会合理化

这种类型的合理化涉及对社会或群体的行为或观点的解释。

例如，一个人可能会合理化社会上普遍存在的不公正现象，通过认为这是无法避免或者是暂时的来减轻对社会的不满。

5．结果合理化

这种类型的合理化涉及对结果或后果的解释。

例如，一个人可能会合理化自己的失败，通过解释失败是因为外部因素或者运气不佳来减轻自己的负疚感和挫败感。

又比如在职场上，一个员工可能对自己的工作表现进行合理化。当领导提出工作成果有待改进时，员工可能会强调工作量大或者团队合作不佳等因素，而避免承认是由于自己的责任。这种合理化可能导致员工忽视上级的合理建议，错失个人发展的机会。

合理化对个体的影响是复杂而多样的。在某些情况下，合理化可以帮助个体减轻认知失调带来的不适感，维持其内部的一致性和心理健康状态，使个体更容易适应社会。然而，在其他情况下，过度的合理化可能会导致个体对现实的扭曲和偏见，影响其理性决策和行为。因此，合理化的影响取决于合理化的对象、方式以及个体的认知和情感状态。

2.4 认知偏见与认知操纵

认知偏见与认知操纵是认知心理学中极为重要的议题，它们直接关系我们对世界的理解和对日常事务的决策过程。在这一部分，我们将深入探讨认知偏见的本质以及它们是如何被利用从而操纵我们的认知过程的。

认知偏见的本质是个体在认知过程中出现系统性错误倾向，导致自身对信息的理解和判断出现偏差。这些偏见可能是由个体的过往经验、文化背景、社会环境等因素造成的，而且它们往往是无意识的，不受个体控制。认知偏见可能表现为对某一类人群的偏见、对特定观点的偏爱或排斥，以及对信息的选择性接受和记忆。

认知偏见的存在并不意味着个体的智力或道德水平有问题，而是反映了人类认知的局限性和复杂性。由于认知偏见的存在，我们在日常生活中往往会做出不完全理性的决策，甚至受到他人的操纵。认知心理学家们对认知偏见进行了广泛的研究，并将其划分为多种类型。其中一些常见的认知偏见包括：

• **确认偏见**：个体倾向于寻找和记住那些支持自己的已有观点的信息，而忽略与之相矛盾的信息。确认偏见可能导致人们陷入信息的“筛选”过程，进而加深对原有观点的坚持。

• **群体偏见**：个体倾向于信任和支持属于自己群体的成员，而对其他群体的成员持怀疑或敌对态度。这种偏见可能导致对异己观点的拒绝和对自身群体观点的过度认同。

• **归因偏见**：个体倾向于根据自身的偏见和期待来解释他人的行为，而忽视或低估外部因素的影响。归因偏见可能导致对他人行为的误解和对个体自身行为的合理化。

• **可用性偏见**：个体倾向于记住和重视那些在自己的过往经历中频繁出现或引人注目的事件和信息，而忽视那些罕见或平平无奇的事件和信息。可用性偏见可能导致对风险和概率的错误评估。

除此之外，了解认知偏见的本质和分类也很重要，可以帮助我们更好地认识到这些偏见是如何被利用从而操纵我们的认知过程的。在现代社会，各种机构和个人都可能利用认知偏见来影响他人的观点和行为，从而实现自身目的。一些常见的认知操纵策略包括以下几点。

1．情绪操纵

利用情绪来影响个体的认知过程，使其更容易接受特定信息或观点。例如，通过刻意营造恐惧或愤怒的情绪，来激发人们对某一议题的关注和支持。

例如，在国外的选举过程中，某个政治候选人可能会在宣传片中展示一系列令人不安的场景，如犯罪率上升、经济衰退或国家安全威胁，来刻意激发公众的恐惧情绪。随后，他可能会强调自己的政策或立场，声称只有通过支持他才能解决这些问题，从而利用恐惧情绪来激发人们对其政治议题的关注和支持。

2．信息筛选

选择性地呈现信息，以强化个体原有的观点或期待。这包括选择性报道、编辑和解释信息，以及强调某些信息而忽略其他信息。

比如社交媒体上的定向新闻推荐。许多社交媒体平台根据用户的浏览历史、点赞和分享记录，推荐与他们兴趣相符的内容。这种机制可能导致

“信息泡沫”，即用户不断接触与自己观点相似的内容，而几乎看不到相反的观点。

3．社会认同操纵

利用个体对特定群体的认同感来影响其行为和观点。这包括利用群体偏见来激发对特定群体的支持或排斥，以及利用社交压力来促使个体与群体保持一致。

当某个社交群体在社交媒体上集中力量攻击、辱骂或排斥一个特定的观点或人物时，他们可能会以此加强对自己群体的认同感。这可能会导致其他群体成员因为想要避免被排斥或受到批评而跟随群体的行为，即使他们个人可能不完全同意或支持群体的立场。这种情况下，社交压力和对群体的认同感会被用来操纵个体的行为和观点。

4．权威引导

利用权威人士或机构的声誉和权威性来影响个体的观点和行为。这包括引用权威人士的观点、发布权威机构的声明，以及利用权威人士的形象来宣传特定产品或观点。

当一个知名的医学专家或权威机构发布关于某种药物或治疗方法的积极评价或推荐时，许多人会受到影响并倾向于相信这种药物或治疗方法是有效的。这是因为权威人士或机构在公众中具有声誉和权威性，他们的观点和推荐可以影响个体的观点和行为，促使他们选择使用这种药物或接受这种治疗方法。

尽管认知操纵是一种普遍存在且难以避免的现象，但个体可以采取一些策略来减少其对自身的影响。一些有效的对抗认知操纵的策略包括以下几点。

1．培养批判性思维

培养批判性思维能力，学会质疑和分析信息来源、内容和立场，以及识别和纠正自己可能存在的认知偏见。

2. 开拓多元化信息获取渠道

积极获取不同来源、不同观点的信息，包括不同的政治立场、文化背景和专业领域的观点。通过接触多样化的信息，可以减少对特定观点的盲目认同和认知偏见的影响。

3. 提高自我意识和情绪调节能力

保持对自身情绪和心理状态的觉察，避免在情绪高涨或焦虑时做出冲动的决定。情绪稳定和自我控制有助于减少情绪对认知的操纵。

4. 跨文化沟通和理解

学习和尊重不同的文化背景和观点，通过跨文化交流和理解来拓宽自己的视野，减少群体偏见和社会认同操纵的影响。

5. 加强信息素养

提升信息素养，包括对数字素养、媒体素养和科学素养的理解和应用。了解信息的来源、真实性和背景，有助于更客观地评估和处理信息。

通过意识到认知偏见的存在，并采取相应的对抗策略，我们可以更好地保护自己的认知独立性和理性思维能力，从而减少认知操纵对自身的影响。

第三章

宣传与社会心理学

3.1 社会心理学视角下的宣传

在社会心理学视角下探讨宣传，是一种深入理解人类行为和社会互动的方式。宣传作为一种广泛应用于政治、商业、文化等领域的传播手段，其影响力往往比表面上看到的大得多。通过社会心理学的镜头，我们可以更加清晰地看到宣传对个体和群体的影响，以及它背后的机制和原理。

首先，我们先来探讨宣传的定义及其与社会心理学的关系。宣传可以被定义为一种有意识的、有组织的传播活动，旨在塑造、改变或巩固人们的态度、价值观和行为习惯。而社会心理学则是研究个体在社会中的行为、观念和互动的学科，它关注人们是如何受到他人和环境影响的。因此，宣传与社会心理学的结合使我们能够更深入地理解宣传是如何影响人们的认知和行为的。

其次，我们将分析社会心理学理论视角下的宣传。在社会心理学领域，有一些经典理论可以帮助我们理解宣传的效果。比如，认知决策理论认为人们在接收信息和做出决策时会受到认知偏差的影响，而宣传正是利用纠正这些偏差来影响人们的态度和行为的。另外，社会认知理论强调人们在社会互动中是如何寻求他人认可和参考他人行为的，而宣传则可以通过塑造社会规范和价值观来影响个体的行为。

当谈到宣传与社会心理学理论的联系时，一个经典的例子是可口可乐公司在 20 世纪 90 年代的“可乐战争”中采用的宣传策略。当时，可口可乐公司与百事可乐公司之间展开了一场激烈的市场竞争。在这场竞争中，可口可乐公司利用认知决策理论中的认知偏差，例如品牌忠诚度和情感联想，来影响消费者的态度和购买决策。

通过开展情感化的广告宣传和打造与幸福、友谊等情感相关的品牌形象，可口可乐公司成功地塑造了消费者对其产品的正面认知。同时，可口可乐公司还利用社会认知理论中的社会规范和参考群体的概念，通过在广告中展示人们在社交场合享用可口可乐的场景，来影响消费者的行为。

这种宣传强调了在社交环境中选择饮用可口可乐是一种社会认同，从而促使消费者更倾向于购买可口可乐而不是其他产品。在这个例子中，可口可乐公司巧妙地运用了认知决策理论和社会认知理论的知识，通过宣传活动来影响消费者的态度和行为，从而在市场竞争中取得了成功。

接着，我们将着眼于个体和群体对宣传活动做出的反应。个体的认知和情感往往会受到宣传信息的影响，从而引发相应的行为。而群体的心态和行为也会受到宣传的塑造和引导，形成集体的认知和行动模式。因此，宣传不仅是一种简单的信息传递，更是一种对个体和群体的思想和行为的操纵。

在社会心理学的框架下，我们先从认知、情感和行为三个方面来理解宣传的作用和效果。

1. 认知

宣传可以通过影响人们的认知过程来塑造他们对特定主题的看法。这涉及引导人们对信息的注意、记忆、解释和评估。例如，宣传可能通过重复、情感化的语言表达或彰显信息的权威性来源来增强人们对特定信息的记忆和信任程度。另外，宣传也可能利用认知偏差，如选择性暴露和确认偏差，来影响人们对信息的解释和评估，从而改变他们的态度和信念。

2016 年美国总统选举期间，特朗普竞选团队就利用了重复和情感化的语言来增强人们对特定信息的记忆和信任程度。例如，特朗普经常频繁使用一些口号和短语，如“Make America Great Again”（让美国再次伟大）和“America First”（美国优先），再加上情感化的表达，塑造了选民对特朗普及其政策的认知和理解。

2．情感

宣传常常利用情感化的手段来触动人们的情感，并通过情感连接来影响他们的态度和行为。情感化的宣传可以通过激发人们的情感反应，如喜悦、恐惧、愤怒或同情，来增强信息的说服力。这种情感化的效果会导致人们更倾向于接受和支持被宣传的观点或行为建议。

可口可乐公司经常在宣传中利用情感化的手段来触动人们的心绪，比如在广告中展示亲情、友情、团圆等温暖的场景。这种情感化的宣传效果使得消费者更倾向于与可口可乐这个品牌建立情感连接，并支持其产品。

3．行为

宣传的最终目的通常是影响人们的行为。宣传可以通过激励、约束或社会规范来影响人们的行为选择。例如，在政治领域，政治宣传可能通过强调选举的重要性或强调特定候选人的优势来激励选民去投票；而在商业领域，品牌宣传可能通过塑造产品的形象和社会价值来影响消费者的购买决策。

耐克公司经常强调运动、挑战和奋斗等行为倾向，以此来激励消费者。例如，他们曾推出过以“Just Do It”（只管去做）为口号的广告，旨在鼓励人们勇于挑战自我，追求自己的梦想。这种激励性的宣传有助于塑造耐克的品牌形象，影响消费者的购买决策，使他们更倾向于选择耐克的产品并支持耐克的品牌理念。

最后，我们将探讨宣传对个体和社会的长期影响。宣传不仅仅是一种短期的传播活动，还可以对个体和社会产生长期的影响。比如，长期暴露于宣传信息中可能会导致人们形成固定的认知模式和行为习惯，从而影响他们的生活方式和社会互动方式。另外，宣传还可能导致社会整体的价值观发生变化，从而影响整个社会的发展方向。

在“二战”后的美国，媒体和政府通过广泛的宣传活动，如传播“美国梦”，推动了美国社会的发展和文化变迁。这种宣传不仅影响了个人的生活方式和社会价值观，也深刻影响了美国社会的整体发展方向，塑造了当时的美国文化和社会风貌。

宣传在社会心理学中具有重要的地位，它不仅影响个体的认知和行为，还塑造着整个社会的心理结构和文化氛围。通过深入理解宣传与社会心理学的关系，我们可以更好地理解宣传是如何运作的，以及如何更有效地利用它来影响人们的态度和行为。

3.2 群体心态与宣传效应

探讨群体心态对宣传效应的影响是一个复杂而多层次的话题。在这个主题中，我们将深入分析群体心态的形成与特征，以及它们如何与宣传相互作用。此外，我们还将探讨现实中真实存在过的案例，以说明这一现象的复杂性和重要性。

群体心态是指一群人在同一环境中形成的共同的心理状态。这种心态往往会受到多个因素的影响。

1. 社会文化背景

一个社会的历史和文化传统对群体心态的形成有很大的影响。例如，不同国家的民族主义、宗教信仰或社会价值观可能会塑造不同的群体心态。

一个典型的例子是中国人民共有的爱国主义情感以及对历史的认知。我国历史悠久，传统文化源远流长，爱国主义情感在中国社会中有着悠久的历史传统。历史上的数次保卫国土的战争，深深烙印在中国人民的集体记忆中，形成了强烈的爱国主义情感。这种情感在日常的文化教育、宣传和社会舆论引导中得到了传承和强化。同时，中国人民的文化认同也是群体心态的重要组成部分。中国历史上的传统价值观，如孝道、仁义、忠诚等，对现代中国社会的价值观和行为模式产生了深远影响。这些价值观的传承和强调，也在一定程度上塑造了中国人民的群体心态和行为特征。

2. 集体经验

一群人共同经历的事件（如战争、经济危机或自然灾害）可能会对他们的群体心态产生深远影响。例如，如果国家经历过战争，那么这个国家的人民可能会形成更强的爱国主义情感。

抗日战争是中国人民与日本侵略者进行的长期的、艰苦的斗争，留下了深远的历史影响。抗日战争期间，中国人民遭受了巨大的伤亡和财产损失，但他们也展现出了极大的团结和抗争精神。这段历史经历深深地烙印在中国人民的集体记忆中，成为爱国主义情感的重要来源之一。抗日战争结束后，这种集体经历对中国的国家群体心态产生了深远影响。它加深了中国人民对国家的认同感，同时也激发了中国人民对民族振兴和国家强大的渴望。这种共同经历塑造了中国人民的集体意识和行为模式，成为促进国家建设和社会发展的重要动力之一。

3. 传播渠道

现代社会中的信息传播渠道（如社交媒体、新闻媒体等）对群体心态的形成起到了重要作用。这些渠道可以快速、广泛地传播信息，从而影响群体的看法和行为。

新冠肺炎疫情爆发后，新闻媒体通过报道疫情的最新情况、政府措施和专家建议，提高了公众对疫情的认知。社交媒体成为公众分享个人经历、表达情感和获取支持的主要平台。这些传播渠道快速、广泛地传播信息，影响着公众对疫情的态度和应对措施。疫情期间，一些虚假信息也通过各种传播渠道迅速扩散，引起了公众的恐慌。因此，信息传播渠道不仅会对群体心态的形成起到重要作用，还会对公众的行为产生直接影响。

4. 领袖和意见领袖

社会中的领袖和意见领袖往往对群体心态有着重要的影响。他们通过自己的言行、立场和观点，引导着群体对具体事件的看法和情绪。

马丁·路德·金作为一位美国黑人民权运动的领袖，通过演讲和非暴力抵抗，引领了美国黑人社区的抗议运动，并推动了民权立法的通过。马丁·路德·金的言论和行动激励了无数人加入民权运动，争取平等和正义。他的领导地位和坚定信念极大地影响了群体的看法和情绪。他的理念和行动不仅改变了当时的美国社会，而且在全球范围内产生了深远的影响，成为非暴力抵抗和平等主义运动的导航灯塔。

前面我们了解到宣传是一种有目的地传播特定信息、观念或价值观的行为。宣传与群体心态之间的相互作用可以通过以下几种形式进行。

1. 迎合群体心态

当与群体心态相一致时，宣传可以更加有效地发挥作用。通过迎合群体的心理和需求，宣传者可以更好地激发公众的情感和行动。例如，在商业广告中，广告商可能会迎合消费者的心理需求，强调产品的独特优势，从而促进销售。

在政治领域，“二战”时期的纳粹德国通过有效的宣传手段，利用德国人民的民族主义情绪和对《凡尔赛条约》的不满，赢得了德国民众对纳粹政权的支持。这种宣传与群体心态的结合，最终导致纳粹德国对外发动侵略战争。

2. 塑造群体心态

宣传者可以利用自己的影响力来引导和塑造群体心态。例如，政府或政治团体可能通过宣传来塑造公众对某一政策或议题的看法，从而影响公众的行动和决策。

冷战期间，美国政府通过宣传引导公众普遍产生对共产主义的恐惧和反对情绪。这种宣传导向与美国人民的自由主义价值观相结合，增强了美国国内的反共情绪，并为冷战政策提供了社会支持。

3. 引发情绪反应

宣传可以利用群体心态引发公众的情绪反应，进而影响公众的行为。例如，煽动民族主义情绪可以激发公众的爱国情绪，从而引导公众支持政府的政策或行动。

新冠肺炎疫情期间，社交媒体和新闻媒体对信息的传播起到了重要作用。然而，谣言和错误信息的传播也导致了群体心态的波动。在这种情况下，宣传与群体心态之间的相互作用变得更加复杂。

在探讨群体心态与宣传之间的相互作用时，我们也必须考虑宣传背后的道德和伦理问题。利用群体心态进行宣传时，宣传者需要意识到其言行的潜在影响，需要注意以下几个原则。

- **尊重公众的知情权**：宣传者应当尊重公众的知情权，确保所传播的信息是真实、准确和全面的。
- **避免煽动仇恨或暴力**：宣传者应避免利用群体心态煽动仇恨或暴力情绪，因为这可能对社会造成严重危害。
- **尊重多元文化和不同观点**：宣传者应尊重不同的文化和观点，不应试图强迫公众接受某一特定立场或观念。

总的来说，群体心态与宣传之间存在着密切的关系，宣传通过操纵群体心态来影响群体的态度和行为，群体也制约着宣传效应，如群体多样性、信息透明度和舆论监督等都是影响宣传效应的重要因素。因此，我们需要审慎对待宣传活动，保持理性思考，不要轻易为宣传所左右。

3.3 社会认知与宣传行为

在探讨社会认知与宣传行为时，我们首先需要理解社会认知是什么以及它与宣传行为之间的关系。社会认知是指个体对于自己所处的社会环境的认识和理解，包括对社会规范、价值观念、角色认同等的认知。

社会认知的形成受到多种因素的影响，包括个体的经验、受教育程度、文化背景等。然而，宣传行为也在很大程度上影响着个体的社会认知。历史上的宣传活动常常通过操纵信息和情绪，影响公众对特定事件或议题的看法。

社会认知与宣传行为之间的关系是当今社会中备受关注的一个议题，宣传行为深刻地影响着个体的社会认知和行为决策。与此同时，个体的社会认知也影响着宣传的效果。

1. 社会认知的要素

社会认知要素直接影响着个体对宣传信息的反应，不同文化背景下的社会认知形成方式存在显著差异。

2. 认知偏差

认知偏差也是影响个体对宣传信息的反应的重要因素之一。确认偏误、归因偏误等认知偏差可能导致个体对宣传信息的解读产生偏差。个体往往会倾向于接受与自己的已有观念相符的信息，而排斥与自己的观念相悖的信息。

3．不同类型的宣传行为

不同类型的宣传行为也会对个体的社会认知和行为决策产生不同程度的影响。政治宣传、商业宣传、社会宣传等不同类型的宣传行为会通过不同的方式影响个体的认知和行为。比如，政治宣传可能会在个体心中植入特定的政治观点，而商业宣传则可能会影响个体的购买决策。

4．社会认知与宣传行为之间的紧密关系

通过观察和分析不同社会背景下的个体对宣传信息的反应，研究者们发现社会认知结构的不同会导致个体对宣传信息呈现不同的态度和行为意向。

5．社会认知演变的影响

随着时间的推移和环境的变化，社会认知也在不断演变，从而影响着个体对宣传信息的反应和行为决策。在不同历史时期或社会背景下，个体对宣传信息的态度和行为意向可能会有所不同。

总之，社会认知与宣传行为之间存在着复杂而密切的关系。个体的社会认知结构影响着其对宣传信息的接受和反应，而宣传行为又通过各种方式影响着个体的社会认知和行为决策。

例如，政府通过宣传活动，传播国家的核心价值观和政策措施，影响民众对国家形象和政府政绩的认知。同时，个体的社会认知也会影响其对宣传信息的接受和反应，即个体的认知结构和认知偏差会影响其对宣传信息的解读和态度。

宣传行为通过多种方式塑造个体的社会认知。首先，宣传行为可以通过强化社会范式来塑造社会认知。社会范式是全社会共同接受的观念、信念和价值标准，宣传活动可以通过强调特定的社会范式来影响个体的认知和行为。

例如，政府通过各种渠道宣传讲述历史上的成就、国家的发展进步以及强调团结统一、民族自豪感等价值观念。这样的宣传活动有助于公众塑造正确的社会认知，增强对国家的认同感和归属感。

其次，宣传行为还可以通过引导社会公众对特定议题的关注来塑造社会认知。宣传活动通常会选择特定的议题或事件作为宣传对象，通过媒体上的频繁报道和激烈讨论，引导公众关注该议题，并对该议题形成特定看法。

新冠肺炎疫情期间，许多国家政府和国际组织通过各种传播渠道，如新闻媒体、社交媒体和公共广告，频繁报道和宣传疫情相关信息，包括病毒传播途径、预防措施和疫苗接种情况等。这些宣传活动引起了公众对疫情的关注，并影响了人们对疫情的认知和态度。例如，政府通过宣传活动强调保持社交距离、戴口罩和勤洗手等预防措施的重要性，以及接种疫苗的有利之处，从而引导公众采取积极的防控行动，减缓疫情传播速度并维护公共健康。

再次，个体的社会认知也会影响其对宣传行为的接受和反应。社会认知结构和认知偏差影响着个体对宣传信息的解读和理解。例如，确认偏见是指个体倾向于接受与自己已有观念相符的信息，而忽视与之相悖的信息。因此，即使面对相同的宣传信息，不同的个体可能也会有不同的反应和态度。

最后，社会认知还会影响个体对宣传信息的行为意向和行为决策。个体的社会认知包括对社会规范和社会期望的认知，这些认知会影响个体对于宣传信息的态度和行为倾向。例如，一些研究表明，个体的社会认知会影响其对于公益广告的态度和行为意向，高度认同公益广告的价值观的个体更容易接受并响应公益广告的号召。

例如，一则宣传环保意识的广告呼吁人们减少塑料制品的使用，以降低塑料污染对环境的危害。个体的社会认知结构和认知偏差可能会影响他们对这则广告的态度和行为意向。那些高度认同环保价值观的个体可能更容易接受并响应这则广告的号召，并更积极地采取避免使用塑料制品的行动。

社会认知与宣传行为之间存在着复杂的互动关系，宣传行为通过塑造个体的社会认知来影响其观念、态度和行为，而个体的社会认知也会影响其对宣传信息的接受和反应，这两者之间的关系错综复杂，相互影响、相互作用。通过深入理解和研究这一关系，我们可以更好地理解个体和社会的行为，也可以更有效地开展宣传工作。

3.4 社会影响力与宣传效果

社会心理学的研究经常关注社会影响力与宣传效果之间的相互关系。社会影响力是指个体在社会中受到他人行为、态度和价值观的影响程度，而宣传效果则是指宣传活动对公众的认知、态度和行为的影响程度。本节将探讨这两者之间的联系，并通过历史案例和现实观察来解释它们之间的互动作用。

社会影响力可以通过多种机制产生，表现为多种形式，包括但不限于信息传递、社会认同和权威认同等。

信息传递是指个体通过观察他人的行为和言论来获取信息，并在一定程度上受到所接收的信息的影响，从而改变自己的认知和行为。宣传活动通过传播特定信息来影响个体的认知和行为，从而产生宣传效果。例如，当一个人看到其他人都在排队时，他也会倾向于排队，这就是信息传递机制的一种体现。

社会认同是指个体为了与他人保持一致而改变自己的态度或行为。这种影响可能来自人们对他人的尊重和信任，也可能来自人们对社会规范和价值观的认同。

群体性的宣传活动和社交媒体上的舆论引导往往可以通过社会认同的影响力来影响大众的观念和行为。例如，当某个特定的话题或标签在社交媒体上突然变得流行时，许多用户就会在他们的帖子中增加该话题或标签，来与当前的潮流保持一致，即使他们原本对这个话题并不感兴趣。这种行为是因为个体希望在社交媒体上获得认同感，以获得更多的关注和社交互动。

权威认同则是指个体因为尊重或服从权威人士或权威机构的意见而改变自己的态度或行为，这种影响通常基于个体对权威的信任。

在历史上，有很多政治领袖、专业人士以及权威机构往往通过宣传手段影响和引导民众的观念和行为。例如，当一个医生向患者建议接受特定的治疗方式或遵循特定的生活方式时，患者往往会出于对医生的专业知识和经验的信任而改变自己的态度或行为。这种权威认同的影响可以促使患者更积极地配合医生的治疗方案，以获得更好的康复效果。

宣传效果的形成涉及多种心理和社会机制，包括但不限于以下几点。

1. 认知加工

个体在接受宣传信息时会进行各种认知加工，包括注意、理解、接受和记忆等过程。宣传者通过精心设计宣传内容和形式，以及频繁重复和强化宣传信息，来增强个体对宣传信息的认知加工程度，从而产生宣传效果。

例如，一则汽车广告可能会通过引人注目的场景、富有动感的音乐和吸引人的故事情节来引起观众的注意，并通过频繁播放和多渠道传播来强化宣传信息。这种认知加工过程使得观众更容易接受并记住广告中所传达的信息，从而影响其消费行为和购买决策。

2. 社会认知影响

个体的社会认知结构和信念体系会影响其对宣传信息的接受和理解。宣传者往往会针对目标群体的社会认知特点和认知偏差来进行定向宣传，以提高宣传效果和接受度。

当政府或健康机构推出针对公众的健康宣传活动时，宣传者会考虑到特定人群的文化背景、受教育程度、经济状况等因素，设计不同形式的宣传信息，以便更好地传达健康信息并影响个体的行为。例如，针对年轻人的健康宣传可能会采用流行文化元素，并利用社交媒体平台进行宣传；而针对老年人的健康宣传可能会强调长期稳定的健康习惯和实用性信息，多采用线下宣传的方式。这种社会认知影响能够提高公众对健康宣传的接受度和理解程度，从而促进公众行为的改变。

3．情绪影响

宣传活动往往会通过情绪化的手段来引起个体的情绪反应，从而影响其态度和行为。情感化的宣传内容和形式往往更容易引起人们的共鸣，从而产生更深远的宣传效果。

例如，一则关于儿童教育的慈善广告可能会通过展示孩子们努力学习的场景、家庭的困境或者获得成功后的幸福场景，来引起观众的同情和善意。这种情感化的宣传内容和形式更容易引起人们的情绪反应，使他们更愿意捐助或支持相关的慈善事业，从而产生更深远的宣传效果。

4．社会互动影响

个体在社会互动的过程中受到他人的影响和引导，从而改变自己的观念和行为。群体性的宣传活动和社交媒体上的舆论引导往往可以通过社会互动影响来产生宣传效果。

在社交媒体平台上，当某一话题或事件受到广泛关注、引起激烈讨论时，个体往往会受到他人的观点和态度的影响，从而改变自己的看法和行为。例如，当某个新闻话题在社交媒体上引发热议时，个体可能会在阅读他人的观点和评论后调整自己的立场或行动，以便与社交群体保持一致或获得他人认同。这种群体性的社交媒体互动可以产生宣传效果，影响个体的观念和行为，并在一定程度上引导舆论方向。

社会影响力与宣传效果是宣传活动的重要组成部分，也是社会心理学研究的重要内容。通过深入分析社会影响力的类型和宣传效果的形成机制，我们可以更好地理解宣传是如何影响人们的观念和行为的，进而掀起社会思潮。同时，我们也应当审慎对待宣传信息，保持理性思考和独立判断，以免受到不良宣传的影响。

第四章

宣传策略与传播学

4.1 传播学基础概述

传播是指信息、思想、情感等在人与人之间传递、交流和接受的过程。传播学是一门跨学科的研究领域，起源于20世纪初，随着传媒技术的发展，人与人之间的社会交往越来越频繁，传播学逐渐成为一门独立的学科。

传播学范围广泛，包括口头传播、书面传播、大众传播、自我传播等。在现代社会，随着科技的进步，传播形式日益多样化，涵盖了传统媒体、社交媒体、互联网等多种渠道和平台。与此同时，传播学还涉及信息、意义和符号的传播过程。传播学的研究对象包括传播媒介、传播内容、传播过程以及传播效果。

在传播学领域，有一些基本概念是非常重要的，比如：

传播者：信息的发出者或传播对象。

受传者：信息的接收者或接收对象。

媒介：信息传播的工具或平台，如电视、广播、互联网等。

编码与解码：信息在传播过程中的编码和解码过程，信息的发送方将信息编码成符号或语言，接收方则解码并理解这些信息。

反馈：接收方对信息的回应，可以是口头回应、行动回应或其他形式的回应。

传播过程通常包括发送者、信息、传播渠道、接收者等要素。发送者是信息的源头，信息是传达的内容，传播渠道是信息传递的途径，而接收者是信息的接收者和理解者。在传播过程中，信息要经过编码、传输、解码等环节，受到诸多因素的影响。

传播学的理论框架较为扎实，其中一些最经典的理论包括以下几点。

1．传播管道理论

传播管道理论是由美国学者拉斯维尔·罗斯尼提出的一种研究传播过程的基本理论。该理论强调了传播过程中的五个基本要素，即“谁、说什么、通过什么渠道、对谁、产生了什么效果”。

- **谁**：指信息的发出者或传播者，即消息的源头。
- **说什么**：指信息的具体内容。
- **通过什么渠道**：指信息传播的途径或媒介，如报纸、广播、电视等。
- **对谁**：指信息的接收者或受众群体，即信息的目标对象。
- **产生了什么效果**：指信息传播的目的或期望产生的影响，包括影响受众的态度、行为或其他方面。

2．媒介效应理论

媒介效应理论是一种传播学理论，探讨了媒体对受众的影响以及媒体在社会中的作用。该理论主要关注媒体对个体的态度、行为和信念的影响。以下是媒介效应理论的一些重要观点和假设。

- **社会学习理论**：由阿尔伯特·班杜拉提出，认为媒体可以通过模仿和观察影响个体的行为。这意味着人们可以从媒体中学习新的行为模式，并在日常生活中模仿这些行为。
- **公共舆论观点**：由沃尔特·李普曼提出，认为媒体可以影响人们的态度和看法，进而影响他们的行为。根据这一观点，媒体可以塑造公众对特定事件的看法，并引导他们的行为。
- **观众的选择性暴露和选择性接受**：根据这一观点，人们更倾向于选择那些与自身观点相符的媒体内容，而忽略那些与其观点相左的内容。这种选择性暴露和接受可能会坚定个体原有的态度和信念，从而影响其行为。

3. 符号互动理论

符号互动理论是社会学家乔治·赫伯特·米德在20世纪初提出的一种理论，用于解释个体与社会之间的互动和交流过程。该理论强调了语言和符号在社会互动中的重要性，提出个体正是通过交流和使用符号来构建自我和理解社会。以下是符号互动理论的几个关键概念。

• **符号**：符号是指代某种意义或概念的语言、表情、动作等，如文字、图像、手势。符号在社会交流中起着重要作用，因为它们是人们相互交流的基础。

• **自我**：自我是个体对自己的认知和理解，是个体对自己在社会中的地位和角色的意识。符号互动理论认为，自我是通过社会互动中的符号使用和交流来构建和形成的。

• **角色扮演**：在社会互动中，个体扮演着不同的角色，并根据不同的情境和社会期望来表现自己。符号互动理论强调了角色扮演对于个体社会化和自我建构的重要性。

• **意向行动**：意向行动是指个体在行动前对自己的行为进行思考和规划，并考虑他人的反应和期望。符号互动理论认为，意向行动是个体在社会互动中的重要组成部分，因为它涉及个体对自己和他人的认知。

除此之外，传播学领域还涌现出许多传播理论和模型，其中包括传播环境理论、传播规模理论、双向对话理论等，它们各自着眼于传播过程的不同方面。以下是对几种常见理论和模型的简要解释。

1. 传播环境理论

传播环境理论探讨人们在交流过程中如何调整自己的语言、语调、姿态等来适应对方，以促进双方之间的交流和理解。它强调了个体在交流中的相互调整和互动。

2．传播规模理论

传播规模理论解释了新观念、新产品或新行为如何在社会中被传播和接受。它将受众分为不同的类别，并研究了创新从早期采用者扩散到更广泛的受众的过程。

3．双向对话理论

双向对话理论指出，媒介信息不直接传递给受众，而是通过受众中的意见领袖传播给其他人。这种观点强调了意见领袖在传播过程中的重要性，以及个人关系和社交网络在信息传播中的作用。

这些理论和模型为我们提供了一种框架，帮助我们理解传播过程中的各种现象和规律，并为实践提供了理论指导和方法支持，被广泛应用于广告、公共关系、新闻报道等领域。

在当今信息化时代，传播伦理和社会责任尤为重要。传播者应该承担起对于所传播的信息的责任，确保信息的真实性、客观性和公正性，避免误导和虚假宣传，维护社会公共利益和个体权益。

在理解传播学基础概述的基础上，我们将进一步探讨宣传手段与传播渠道、信息传播与认知塑造、传播模型与宣传效果评估等内容，从而深入剖析宣传策略的核心要素和运作机制。通过对传播学的深入了解，我们能够更好地理解信息传播的规律与特点，从而在实践中运用科学的方法和策略觉察和分析身边的认知操纵现象。

4.2 宣传手段与传播渠道

当谈及宣传手段与传播渠道时，我们不得不回顾历史上的一些重要事件，它们展示了不同宣传手段和传播渠道对社会认知和观念的深远影响。

让我们回顾一下 20 世纪初期西方的政治宣传。在这个时期，西方的政治领袖们意识到了宣传的力量，他们利用口头演讲、印刷媒体和电子媒体来影响民众的观念。

随着科技的发展，电视和广播成为更为强大的传播渠道。20 世纪中期，电视广告开始成为主要的宣传手段之一。西方许多政治家以及各大商业品牌都利用电视广告来向观众传达他们的观点和理念。

例如，约翰·肯尼迪在 1960 年的总统选举中利用电视辩论，成功地打动了美国选民，成了美国历史上最年轻的总统。他的辩论演讲和个人魅力通过电视这一传播渠道，深刻地影响了美国民众的认知和投票决策。

随着互联网的普及，新的传播渠道不断涌现。社交媒体成为人们获取信息和表达观点的重要平台。西方新一代的政治团体、商业公司和个人都通过社交媒体来传播他们的信息和理念。

例如，在 2016 年美国总统选举期间，特朗普利用推特平台直接与他的支持者交流，并传播他的政治主张。这些新兴的传播渠道为宣传手段的创新提供了空间，同时也加剧了信息的碎片化，加快了信息的传播速度。

在当今信息化时代，宣传手段和传播渠道的选择至关重要，因为它们直接影响着信息的传播效果和接收者的认知。宣传手段是指用来传达信息、塑造观念和影响受众的工具和方法。随着科技的不断发展，宣传手段的多样性也在日益增加。传统的宣传手段包括文字、音频和视频等，而现代的宣传手段则包括短视频、直播等。不同的宣传手段具有不同的特点，它们可以单独使用，也可以组合使用，以达到最佳的传播效果。

传播渠道是指信息传播的途径。选择合适的传播渠道对于宣传效果至关重要。传统的传播渠道包括报纸、杂志、广播、电视等，而现代的传播渠道则包括互联网、社交媒体、移动客户端等。

宣传手段与传播渠道多种多样，主要包括以下几种。

• **口头宣传**：通过演讲、辩论、讲座等形式进行信息传播，具有直接、生动的特点，常见于政治宣传活动。

优点：直接、生动地传递情感和观点；互动性强，可以即时回应听众反馈。

缺点：受众范围有限，传播效果依赖演讲者的口才和表达能力；容易受到干扰和打断。

• **电视广播**：利用电视和广播媒体进行信息传播，具有广泛覆盖、形象直观的特点，是影响力较大的传播渠道。

优点：覆盖范围广，影响力大；形象直观，能够传递丰富的信息。

缺点：成本较高，制作和播放需要大量资源；受众容易对信息感到疲劳。

• **互联网**：包括网站、社交媒体、视频网站等在线平台，为信息传播提供了全新的方式，具有传播速度快、覆盖范围广的特点。

优点：传播速度快，覆盖范围广；互动性强，能够实现个性化传播。

缺点：信息真实性难以保证，容易混杂谣言和虚假信息；受众注意力分散，竞争激烈。

• **户外宣传**：包括广告牌、公交车广告、横幅等形式，通过在公共场所展示信息，达到宣传的目的。

优点：覆盖范围广，能够在公共场所引起关注；形式多样，可以根据需要定制。

缺点：传播效果难以评估，受众接触时间短暂；成本较高，制作和发布需要一定投入。

• **直邮**：通过邮寄信件、发传单等形式，直接将信息传递给目标受众，具有直接和个性化的特点。

优点：直接传递信息，传播环节少；受众接收率较高，注意力集中。

缺点：成本较高，制作和邮寄需要一定费用；受众可能会选择直接忽略。

• **新媒体**：包括手机、平板电脑等在内的新型数字设备，为信息传播提供了全新的载体和渠道。

优点：覆盖范围广，传播速度快；可以实现多媒体信息传播，吸引受众注意力。

缺点：信息真实性难以保证，容易受到网络安全问题的影响；内容碎片化，受众注意力分散。

• **社交媒体**：如微博、微信、小红书等，通过社交网络传播信息，具有传播速度快、互动性强的特点。

优点：传播速度快，能够实现信息快速扩散；互动性强，可以与受众进行实时交流。

缺点：信息真实性难以保证，容易受到谣言和虚假信息的影响；受众群体不同，信息传播效果难以控制。

• **移动应用**：通过手机应用程序传播信息，如新闻客户端、社交应用等，为信息传播提供了更加便捷的方式。

优点：传播速度快，覆盖范围广；能够实现个性化推送，提高信息传播效果。

缺点：受众需要下载安装应用，可能会受到使用门槛和设备的限制；成本较高，需要开发和维护应用程序。

这些宣传手段和传播渠道各有特点，可以根据宣传目的、目标受众的特征和行为习惯等进行合理组合以达到最佳的宣传效果。同时，也需要密切关注科技发展的趋势，及时调整宣传策略，以适应不断变化的传播环境。例如，年轻人更倾向于通过社交媒体获取信息，而老年人则更喜欢通过传统媒体获取信息，如电视和报纸等。

通过合理选择、组合宣传手段和传播渠道，可以更好地传达信息、塑造观念，从而影响受众的认知和价值观。

4.3 信息传播与认知塑造

随着社会经济和科技的发展，信息的传播和接收方式在不断演变，从传统的报纸、电视到互联网、社交媒体，我们被包围在各种信息的海洋中。

然而，信息传播并不仅仅是简单地传递信息或观点，它同时也是一个塑造认知的过程。认知塑造是指通过特定的信息传播手段和渠道影响受众的思维方式、态度和行为。在这个过程中，信息的选择和呈现方式、语言表达以及传播者的身份等因素都将对受众产生重要影响。

首先，先来看信息的选择和呈现方式。

在传播信息时，选择将哪些信息传达给受众、如何呈现这些信息是至关重要的。信息的选择通常受到传播者的立场、目的和利益的影响。例如，在宣传中，宣传者可能会选择性地传播符合其政策立场的信息，而忽略或歪曲与之相悖的信息。这种选择性传播不仅影响了受众对事件的认知，还可能导致认知偏差和误解。

其次，语言表达对于认知塑造也起着关键作用。

不同的语言表达方式会给受众带来不同的情感和认知体验。例如，情绪化的语言可能会引发情绪共鸣，从而影响受众的态度和行为。在宣传中，宣传者常常会运用夸张的言辞来强调事件的严重性和紧迫性，从而达到塑造受众认知的目的。

除了以上两个因素，传播者的身份和权威性也会对认知塑造产生影响。

传播者的身份和背景通常会影响受众对信息的信任程度。具有权威性的传播者往往能够更有效地影响受众的认知，而非权威性的传播者可能会遭受更多质疑。因此，在宣传中，宣传者常常会利用权威人士或专家的声音来增强信息的说服力和可信度。

最后，我们需要意识到信息传播不是单向的，而是一个动态的互动过程。

受众在接收信息的同时也在对其进行解读和反馈。他们的反馈和互动将进一步影响传播者的策略和信息内容，从而形成一个反复循环的过程。因此，了解受众的心理特征、价值观和沟通偏好对于有效地进行信息传播和认知塑造至关重要。总而言之，信息传播的有效性取决于多个关键要素，其中包括信息内容、传播渠道、受众特征等。

信息内容必须具有吸引力、可信度和相关性，才能引起受众的注意并对其产生影响。历史上的许多宣传活动都是通过精心设计的信息内容来达到塑造认知的目的的。

例如，20 世纪纳粹德国的宣传机器利用标志性的符号、口号和宣传海报，成功地将纳粹意识形态渗透到德国民众的思想中，从而实现了对德国民众的认知塑造。

传播渠道的选择也至关重要。不同的传播渠道具有不同的覆盖范围、受众特征和传播效果。在信息传播过程中，选择适合目标受众的传播渠道可以增强传播效果。

例如，现代社交媒体平台的普及使得信息传播更加迅速和广泛，成为塑造认知的重要渠道之一。

了解受众的特征和心理需求也是信息传播成功的关键。不同的受众群体具有不同的认知偏好、价值观和行为习惯，因此需要有针对性地设计信息内容和传播策略。

例如，要向年轻人传达戒烟的重要性，就需要针对不同的受众群体，采取不同的传播策略：针对青少年群体需要采用互动性高、生动有趣的方式进行传播；针对大学生群体可以通过专家讲座、学术论坛等形式传达相关知识；而对于职场青年群体，可以从经济效益、健康风险和社会认可等方面强调戒烟的好处，再通过社交媒体广告、健康保险优惠等方式进行传播。

通过深入了解受众，我们可以更好地把握信息传播的节奏和方向，从而达到预期的认知塑造效果。认知塑造是通过信息传播影响受众的认知、态度和行为。这种影响主要通过以下几种机制实现。

1. 重复暴露效应

通过反复暴露相同的信息或观点，可以增强受众对该信息的认知和信任程度。例如，广告宣传中常常利用重复暴露效应来加强消费者对品牌的印象。

2. 社会认同

人们往往会受到周围人的影响，尤其是自己所属的社会群体。因此，宣传者通过利用社会认同的力量，可以增强受众对特定观点或行为的接受程度。例如，社交媒体上的“点赞”和“转发”行为往往会影响其他用户对信息的态度和行为。

3. 情感激发

情感是影响人们认知和行为的重要因素之一。通过激发受众的情感，宣传者可以引起他们的共鸣，增强他们对信息的认同感。例如，慈善组织常常利用感人的故事来吸引关注和赢得支持。

4. 权威认可

人们往往倾向于相信权威人士或机构发布的信息。因此，宣传者通过获取权威认可，可以增强信息的可信度和影响力。例如，专家推荐可以强化产品或服务的认知塑造效果。

信息传播与认知塑造对认知操纵有着直接而重要的影响，宣传可以通过塑造受众的认知、情感和行为，影响社会舆论、政治决策和公共行动。因此，政府应对信息传播和认知塑造活动保持警惕，加强监管和引导，以维护公共利益和社会稳定。

信息传播与认知塑造是一个复杂而多维的过程，涉及多种因素的相互作用。在这个过程中，传播者需要对自己的影响力和责任有正确的认识，积极引导受众形成正确的认知和态度，而不是利用各种信息传播手段误导和操纵受众的思维。只有正面、负责的信息传播，才能促进社会的进步和发展。

4.4 传播模型与宣传效果评估

在实现有效认知操纵的过程中，传播模型和宣传效果评估扮演着重要的角色。通过深入研究传播模型的不同类型和宣传效果评估的方法与技术，并将二者相结合来设计和评估宣传策略，宣传者可以更好地引导受众的认知与行为，实现认知操纵的目标。

传播模型是理解信息传播过程与机制的关键，经典的传播模型和理论主要有以下几种。

1. 香农 – 韦弗模型

也被称为信息传播模型，是由克劳德·艾尔伍德·香农和沃伦·韦弗于 1949 年提出的经典模型，用于描述通信系统中的信息传输过程。该模型主要包括发送者、接收者、信道、编码、解码和噪声等要素。发送者通过编码将信息转换成信号，借由信道传输给接收者，接收者再通过解码将信号转换成原始信息。在这个过程中，信息可能会受到来自环境的噪声干扰，影响传输和接收质量。香农 – 韦弗模型为我们理解信息传播的基本原理和机制提供了重要框架。

日常生活中，人与人的互动很多都可以用香农 – 韦弗模型来解释。例如，给朋友发短信时，你是发送者，想要传达的信息是你想约朋友一起吃饭。你将这个信息编码成文字信息，并通过手机作为信道传输给你的朋友，他是接收者。在信息传输的过程中，可能会受到各种干扰，比如网络信号不好、手机自动更正错误等，这些都是噪声。你的朋友收到信息后，再进行解码，接收到你想约他吃饭这个信息。整个过程就是一个简单的香农－韦弗模型的应用示例。

2. 创新扩散模型

是由社会学家埃弗雷特·罗杰斯于 1962 年提出的理论，用于解释新想法、新产品或新技术是如何在社会中被传播和接受的。该模型根据受众对新事物的接受速度和程度将受众划分为不同的类别，包括创新者、早期采纳者、早期多数、后期多数和滞后者。该模型认为，创新在社会中的传播过程是渐进的，经历了不同阶段：启蒙阶段、兴趣阶段、评估阶段、试验阶段和采纳阶段。在不同阶段，不同类型的受众会以不同的速度和方式接受和采纳创新。

比如，一家公司推出一款全新的智能手机的过程就可以用创新扩散模型来解释。

（1）创新者阶段

在这个阶段，一些技术先锋和数码产品爱好者是第一批尝试新产品的人，他们可能会在产品发布后不久就购买并使用新手机。

（2）早期采纳者阶段

接下来是早期采纳者，他们对新技术持开放态度，并愿意冒险尝试。这些人通常是社交网络上的意见领袖或者是对科技敏感的人群。

（3）早期多数阶段

在早期多数阶段，产品开始吸引更广泛的用户群体。一些普通消费者开始注意到这款新手机，他们可能会等待一段时间，观察产品的评价和口碑，然后决定是否购买。

（4）后期多数阶段

随着时间的推移，更多的人开始接受新手机，并加入购买行列。这些人可能需要更长的时间来评估产品的优缺点，并决定是否跟随潮流。

（5）滞后者阶段

最后是滞后者，他们对新技术持怀疑态度，一般不会轻易尝试。他们可能会等待很长时间，直到产品被广泛接受并证明其可靠性和实用性，才会考虑购买。

3．认知处理理论

由传播学者乔治·格伯纳于20世纪60年代提出，旨在解释人们处理和理解媒体信息的过程。该理论认为，个体对媒体信息的处理过程受到他们的认知结构和心理过程的影响。具体来说，认知处理理论将个体对媒体信息的处理过程分为三个阶段。

（1）接收

个体首先会接触到媒体内容，接触渠道可以是电视、广播、报纸、互联网等各种媒体形式。

（2）加工

在接收到媒体信息后，个体会对其进行加工和理解。这是个体对信息进行选择、注意、解释和评估的过程。

（3）接受

最终，个体会根据自己的认知结构和信念接受或拒绝媒体信息。如果媒体信息与个体的认知结构和价值观相符，个体就更有可能接受该信息。

认知处理理论提出了加工信息的两条途径：中央路径和周边路径。中央路径是基于理性和深思熟虑的加工方式，而周边路径则是基于感性和情感的加工方式。这个模型对于理解人们如何接受和加工信息，以及如何被说服和影响具有重要意义。

4．媒介依赖理论

是由沃尔特·高姆斯基和埃弗特·罗杰斯于1980年提出的理论，用于解释个体在日常生活中对媒体的依赖程度。该理论认为，个体对媒体的依赖程度会受到以下因素的影响。

（1）个体特征

包括年龄、受教育水平、性别、职业等因素。

（2）媒体特征

包括媒体的可靠性、多样性、可访问性等因素。

（3）社会环境

包括家庭、朋友、工作场所等社会环境对媒体使用的影响，以及社会对媒体的认可和接受程度。

媒介依赖理论强调了人们对于媒体的依赖程度对信息传播和态度形成的影响。这些传播模型为我们提供了不同的视角，帮助我们更全面地理解信息传播的过程和机制。

同时，评估宣传活动的效果对于优化宣传策略和提升宣传效果至关重要。以下是一些常用的宣传效果评估方法。

（1）调查问卷

通过设计问卷调查受众的认知、态度和行为变化，以此来评估宣传活动的效果。问卷可以包含对受众观点、知识水平和行为意向的定量评估，也可以通过开放式问题了解受众的主观感受和反馈意见。

（2）内容分析

对宣传活动中使用的文本、图像、视频等内容进行分析，评估其对受众的影响程度和传播效果。内容分析可以通过量化分析关键词频率、情感倾向等来评估宣传信息的呈现方式和效果。

（3）社交媒体分析

利用社交媒体平台的数据分析工具，监测宣传活动在社交媒体上的传播效果和受众反馈。通过分析转发量、评论数、点赞数等指标，评估宣传信息在社交媒体上的影响力和传播范围。

（4）实地观察

对宣传活动的实际效果进行实地观察和评估。通过观察或实地访谈等方式，了解受众对宣传活动的接受程度、反馈意见和行为变化。

综合利用以上评估方法，可以全面、客观地评估宣传活动的效果，为宣传策略的调整和优化提供有力支持。同时，宣传效果评估也是持续改进和提升宣传效果的重要手段，可以帮助宣传者更好地了解受众需求和反馈，不断改进宣传策略，提升信息传播的效果和影响力。

第五章

05

认知操纵的案例分析

5.1 历史上的认知操纵事件

历史上的认知操纵事件层出不穷，不仅发生在政治、宗教等领域，在商业、媒体等领域也比较常见。这些事件揭示了认知操纵对于社会和个体的深刻影响。下面将介绍两个历史上著名的认知操纵事件，以便我们能更好地理解这一现象。

1．美国的冷战宣传战略

在冷战时期，美国采取了多种宣传战略。这些战略通过广播内容、文化交流、文学艺术等手段，向世界传播民主、自由、人权等价值观，并强调美国作为自由世界的领导者的地位。其中，美国之音和自由欧洲电台等广播机构是美国宣传战略的主要阵地。这些广播机构向苏联及其盟国播放节目，宣传西方社会制度的优越性，抨击共产主义的缺陷。美国试图通过这些广播内容，影响听众的思想和态度，塑造他们对美国的认同，从而削弱共产主义在国际上的影响力。

除了广播之外，美国还通过文化交流项目向世界各国传播其文化和价值观。美国国务院的“文化交流计划”和“国际访客项目”等邀请外国知识分子、艺术家、学生等访问美国，以展示美国的文化、社会和政治制度，来增进国际理解。这些文化交流项目不仅展示了美国的软实力，也为美国赢得了国际社会的尊重和支持。

此外，美国还通过文学、艺术作品等方式向世界传播自由主义思想。一些知名作家和艺术家的作品被用作宣传工具，宣传个人自由、创新精神和人权等价值观。这些作品通过文学、电影、艺术展览等形式广为流传，深入人心，影响了世界各地的读者和观众。

在心理战方面，美国也实施了一些策略，试图削弱敌对国家和组织的士气和意志。美国通过传单、海报、广播等宣传手段，向敌对势力传递特定的信息，试图动摇他们的国际地位和意识形态。

美国在冷战期间通过各种宣传手段，积极宣传了民主、自由和人权等价值观，以对抗苏联及其盟国的影响力，塑造国际舆论和民意。然而，这些宣传战略并非单向的，也受到了来自苏联及其盟国的反制宣传。冷战时期的宣传战争，是国际政治舞台上的一场复杂而激烈的较量，其影响和战后遗产至今仍然存在。

2．“万宝路牛仔”香烟广告

在 20 世纪初期的美国，烟草公司在推广万宝路牌香烟时采用了一系列精心设计的广告策略，成功地操纵了消费者的认知，将吸烟与时尚、自由等积极的价值观紧密联系，从而推动了万宝路牌香烟的普及。这种认知操纵涉及情感共鸣的触动、文化符号的运用、社会认可度的塑造以及信息的选择和排除等多个方面。

首先，万宝路牌香烟的广告通过树立一个勇敢、自信、独立的西部牛仔形象，将吸烟与这些美好的品质紧密联系在了一起，使得消费者在观看广告时产生共鸣，将吸烟视为一种符合自己理想的生活方式和价值观的行为。

然后，该广告在传播时结合了当时流行的文化符号和价值观，如西部牛仔文化中的勇敢、坚韧、自由等元素。通过与这些文化符号的巧妙结合，使得该广告中的吸烟行为成为一种时尚、自由和个性的象征，从而吸引了大量年轻人成为品牌的忠实消费者。

广告至此便将吸烟与勇敢、自信等积极品质联系起来，使得吸烟成为一种受社会认可的行为。越来越多的年轻人被这些广告塑造的形象吸引，将吸烟视为一种时尚和个性的表现，从而提高了吸烟的社会认可度，进一步推动了香烟文化的普及。

这则香烟广告选择性地呈现信息，强调吸烟的“优点”而忽略其对健康的危害，使得消费者更容易接受吸烟带来的正面价值，进而增加了其购买烟草产品的可能性。

这一事件提醒我们，要认识到广告对消费者认知的深远影响，同时也呼吁相关部门加强对广告内容的监管，以保护公众的健康和利益。

5.2 当代宣传案例剖析

在当今商业竞争激烈的市场环境中，一些品牌通过对消费者心理的深刻洞察，精心策划了一系列营销和宣传活动，成功地操纵了公众的认知，从而塑造了强大的品牌形象。

1．苹果

苹果公司在产品设计和营销方面展现了出色的能力。从手机、平板电脑到笔记本电脑，苹果在各条产品线始终坚持追求卓越的产品设计和用户体验。凭借简洁、时尚的外观设计，以及先进的技术和功能，苹果公司的产品赢得了大量消费者的青睐。此外，苹果公司的营销活动也备受瞩目，通过精心策划的广告、产品发布会以及与明星的合作，将一种高端、时尚、创新的品牌形象深深地植入了消费者的心中。

与此同时，苹果公司在品牌价值和文化塑造方面也做出了巨大努力。苹果公司始终强调“创新”“卓越”“个性”等核心价值观，并通过各种渠道传递这些价值观，促进消费者认识和理解品牌。同时，苹果公司还积极参与社会公益活动，通过捐赠、环保倡议等方式树立了良好的企业形象，进一步增强了消费者对其品牌的认同感和好感度。

然而值得注意的是，苹果公司的品牌认知操纵也产生了一些负面影响。一些批评者指出，苹果公司过于强调产品的外在形象，而忽视了产品的实际性能和用户体验。此外，苹果产品的高价位也使其被认为是一种“奢侈品”，而非普通消费者可以轻易获得的日常用品，这可能会在一定程度上影响到消费者对品牌的认知和态度。

2. 谷歌

谷歌作为全球最大的搜索引擎之一，通过其强大的算法，成为人们获取信息的主要渠道之一。简洁高效的搜索功能和相对准确的搜索结果，使谷歌成为无数用户的首选搜索引擎。此外，谷歌还通过一系列服务和产品，如谷歌邮箱、谷歌地图、YouTube 网站等，深入人们的日常生活中，进一步巩固了其在用户心中的地位。

谷歌还通过开展广告业务和进行数据收集，对用户的行为和偏好进行深度分析，从而精准地向用户推送个性化的广告和内容，影响用户的消费习惯和观念。同时，谷歌还通过开发智能手机操作系统安卓、智能家居产品等，构建了一个庞大的生态系统，使其成为人们生活中不可或缺的一部分。

但是谷歌也面临着一些负面评价和争议。一些批评者指出，谷歌对用户数据的收集和利用存在侵犯用户隐私的问题，而其所呈现的搜索结果排名也可能是人为操纵的结果，信息的客观性和中立性存疑。此外，谷歌的垄断地位也面临着一些地区监管方面的挑战。

3. 耐克

耐克作为全球知名的运动品牌，在市场营销和品牌塑造上的策略常常为人称道。而且，耐克采取的认知操纵手法也颇为独特，它并不直接告诉消费者应该怎么做或怎么想，而是通过精心策划的营销活动和品牌信息，巧妙地引导消费者认可品牌理念。

耐克善于运用情感联结策略，它不仅是在销售产品，更是在销售一种生活态度、一种运动精神。例如，其“Just Do It”的口号，曾激发了无数人的行动力，让他们相信自己可以通过运动改变生活。这种情感上的联结，使得消费者更容易对耐克品牌产生认同感和忠诚度。

耐克也擅长通过塑造品牌形象来影响消费者的社会认同，它经常与体育明星、社会名流合作，推出联名款产品或代言广告，让消费者认为拥有耐克产品就是与这些成功人士、流行文化保持同步，从而提升自己的社会认同感。

今天，耐克的“对勾”标志已成为全球范围内广为人知的视觉符号。这个简洁而有力的图形不仅代表了品牌本身，还象征着速度、力量和动力。耐克通过反复强调这种视觉符号，成功地操纵了消费者的视觉认知，使其在消费者心中留下了深刻印象。

除此之外，耐克还善于用讲故事的方式进行认知操纵。它通过各种广告、纪录片和社交媒体内容，讲述关于运动、挑战和胜利的故事，让消费者在情感上与这些故事产生共鸣，从而更加信任和依赖品牌。

品牌宣传案例的剖析通常会揭示出：成功的品牌宣传案例不仅能够通过讲述引人入胜的品牌故事，建立起与受众的情感联结，还具有创新性和趣味性，能够吸引受众的注意力并引起广泛的共鸣。

品牌宣传案例通常会借助社交网络和用户参与来扩大影响范围，采用多渠道传播和一体化营销的策略，有效地体现出品牌的核心价值，展现品牌正面形象。剖析品牌宣传案例可以帮助我们更好地理解成功的品牌宣传背后的关键因素和策略，从而指导我们在品牌建设和营销活动中更加有效地传达品牌价值、吸引受众并提升品牌影响力。

5.3 媒体与认知操纵案例

在现代社会，媒体无疑是塑造和影响公众认知的重要力量。媒体可以通过各种手段，对信息进行筛选、解读和传播，从而影响人们的观点和行为。

1. 美国墨西哥湾原油泄漏事件

2010 年美国墨西哥湾原油泄漏事件是一场严重的灾难，对当地的生态系统和经济造成了巨大影响。在这个事件中，美国媒体的报道和舆论引导发挥了重要作用，涉及了认知操纵的多个方面。

一开始，美国媒体在报道墨西哥湾原油泄漏事件时，将焦点放在事件可能造成的影响上。他们报道了原油泄漏对当地生态环境、渔业和旅游业的破坏程度，以及对居民健康状况和经济发展的影响。这种报道方式往往会强调泄漏事件的严重性和紧迫性，引起公众对事件的关注和担忧。

接下来，美国媒体对墨西哥湾原油泄漏事件的报道，开始对责任方进行指责和批评。特别是对英国石油公司及其管理层的批评，包括对其危机管理能力的质疑，以及其对泄漏事件应对不力的批评。这种报道可能会导致公众对英国石油公司及其相关利益集团产生负面印象，加剧对其责任的强调和追究。

再接着，美国媒体又利用墨西哥湾原油泄漏事件来推动特定议题。例如，一些媒体呼吁颁布更严格的环境法规和监管措施，以及加强对石油行业的限制和调整。这种报道往往会将墨西哥湾原油泄漏事件与更广泛的环境保护和气候变化议题联系起来，进而影响公众对相关政策和立法的态度和支持程度。

最后，美国媒体还通过人物故事和情感化的报道手法来吸引公众的注意力和引起共鸣。例如，报道受影响的当地居民的生活遭遇，以及他们对原油泄漏事件的愤怒和无助之情。这种报道会引起公众的同情，进而加强公众对泄漏事件的关注和对责任方的谴责。

2. 福克斯新闻与特朗普政府

福克斯新闻与特朗普政府之间存在着复杂的关系，它们之间的互动和影响通常被认为是一种“共谋”，目的在于引导舆论和影响公众认知。

首先，福克斯新闻通常倾向于传播一些与特朗普政府的立场一致的信息，包括对特朗普政府的政策、言论和行动的积极评价，以及对政府批评者的质疑和批驳。福克斯新闻的报道往往会突出特朗普政府的成就，同时淡化或忽略其问题和争议。

其次，福克斯新闻经常邀请特朗普政府的发言人、支持者和盟友参加节目，为他们提供发表观点和辩护的机会。这有助于扩大特朗普政府的影响力，同时强化了福克斯新闻作为其支持者的形象。

再次，福克斯新闻常常对政府批评者和反对派进行攻击和质疑，试图贬低其声誉和影响力，包括对民主党人、媒体人士和社会运动进行指责，以及质疑其动机和观点的真实性。这种攻击有助于分散民众对特朗普政府的批评和质疑，同时增强政府的支持力量。

最后，福克斯新闻经常通过制造混淆和误导大众来支持特朗普政府的立场和政策，甚至不惜夸大或曲解事实，忽视或淡化问题的严重性，以及操纵信息以符合特定的议程。这种做法混淆了公众的认知，使其更容易接受特朗普政府的说法和行动。

3．英国《卫报》对气候变化报道的认知操纵

英国《卫报》作为一家知名的新闻机构，为了提高公众对气候变化问题的认识和关注度，促进公众采取减缓气候变化的行动，在进行相关报道时也采取了一些认知操纵策略。

《卫报》在有关气候变化报道中采取了突出问题严重性的策略，通过大篇幅地报道气候变化带来的负面影响，如极端天气事件、冰川融化、海平面上升等，强调气候变化对环境的破坏性影响，从而引起读者的关注和担忧。这种策略有助于提高公众对气候变化问题的认识，并促使其采取行动应对气候变化。

同时，《卫报》还倾向于强调科学证据和专家观点，在气候变化报道中，它经常引用科学研究和专家意见，强调气候变化现象的客观存在和严重后果。这种做法有助于提高报道的可信度和权威性，使读者更容易接受报道内容，并相信气候变化是一个迫在眉睫的问题，需要采取紧急行动。

此外，《卫报》还通过报道政府和企业的行动来推动气候变化议程。它会报道政府和企业的环保政策、减排目标和可持续发展计划，强调它们在应对气候变化方面的行动。这有助于提高政府和企业对公众的责任意识，并促使它们采取更积极的行动来减缓气候变化的影响。

最后，《卫报》也会利用社会运动和公众舆论推动气候变化议程。它会报道环保组织、社会活动家和部分公民倡导的活动，呼吁公众参与到环保行动中来。这种做法有助于形成舆论压力，促使政府和企业采取更具体的措施来应对气候变化。

媒体对认知操纵的影响是广泛而深远的，媒体发布一系列对社会现象的报道、评论和分析来影响公众的意识和观念，改变公众对特定问题的看

法，塑造其态度和价值观。但这也可能导致公众对某些议题持有偏见，影响其对社会、政治和文化事件的理解和判断。而且，媒体的认知操纵还可以影响政治决策和选民行为。政治家和政府官员可以利用媒体来塑造公众对特定政策和领导人的看法，以获得支持或推动特定议程。同时，媒体也可能受到政治力量的操纵，被用作宣传工具来达到政治目的。

5.4 社交网络与认知操纵实例

在社交网络上，认知操纵事件屡见不鲜，它们以各种形式出现，有时甚至难以辨别。这些事件往往通过操纵信息流、引导讨论和塑造观点等手段来影响大众的认知和行为。

1．剑桥分析丑闻事件

剑桥分析公司丑闻是一起引起全球广泛关注的认知操纵事件，涉及个人隐私、政治影响和数据伦理等多个方面。该事件的具体经过是剑桥分析公司通过不当手段获取了数百万 Facebook 用户的个人数据，且这些数据被用于发布针对性的政治广告，以影响选民的观点和投票行为。这种行为严重侵犯了用户的隐私权，并触发了对数据安全和数据使用伦理的广泛讨论。

社交网络平台在该事件中扮演了关键角色，Facebook 作为数据来源方，未能有效保护用户数据免受滥用，其数据管理和隐私保护政策受到质疑。此外，Facebook 的算法设计和广告投放系统也为剑桥分析等公司提供了广阔的操作空间，使其能够精准地将政治广告传播给特定目标群体。

在该事件中，剑桥分析公司通过分析用户数据，生成个性化的选民画像，并有针对性地向其推送政治广告和信息，以影响选民的决策过程。这种行为侵犯了公众的选举自由，破坏了选举的公正，加剧了政治分裂和社会对立。

因此，该事件也引发了人们对选举操纵的反思。人们开始质疑政治广告和信息传播的透明度和公平性，呼吁加强对政治数据分析和网络干预的监管。这也促使社交网络平台和政府采取了一系列措施，加强网民的数据隐私保护、限制政治广告投放、提升用户数据控制权等，以防止类似事件再次发生。

剑桥分析丑闻揭示了社交网络与认知操纵之间的复杂关系。虽然社交网络为信息传播和政治参与提供了新的机会和平台，但也带来了诸多挑战和风险。未来，行业还是需要进一步加强对社交网络平台的监管，保护用户隐私和信息安全，维护公民参加政治选举的自由。同时，个人也应提高信息素养，警惕认知操纵的可能性，保持独立思考和理性判断。

2. 社交平台的社交网络算法

社交网络算法对社交平台上的受众的认知操纵是一个备受关注的议题，它涉及个人信息过滤、内容推荐、信息获取模式等多个方面。在进行客观分析时，需要考虑以下几个关键点。

首先，社交网络算法的个性化推荐机制可能产生信息茧房效应。这种效应使得用户更容易接触到与其已有观点和兴趣相符的信息，而忽略与之相悖的观点。例如，Facebook 和 Twitter 等平台会根据用户的点击、浏览和分享历史，推荐类似的内容给用户，从而加强了用户对特定信息的片面理解和认知偏差。

其次，社交网络算法可能加剧信息的碎片化和表面化。由于算法更倾向于推荐点击率高的内容，而忽略深层次和质量较高的信息，用户往往更容易接触到娱乐、宣泄情感之类的内容，而忽视对复杂问题进行深入思考和解读的内容。这种情况可能导致公众对重要议题的认知水平下降，社会话题被表面化和消费化。

另外，社交网络算法也可能助长谣言和虚假信息的传播。由于算法更倾向于推荐引人注目、具有争议性的内容，一些虚假信息和谣言往往更容易在社交网络上获得广泛传播。这些虚假信息可能误导公众的判断和决策，甚至导致社会的恐慌和不稳定。

然而，社交网络算法并非只有负面影响，它也能产生一定的积极作用。例如，个性化推荐可以使用户更快速地找到符合其兴趣的内容，提高信息获取的效率和便利性。同时，算法也可以帮助用户快速发现新的信息和观点，拓宽其视野和认知范围。

总而言之，社交网络算法对受众的认知操纵是一个复杂而多维的问题。尽管算法可以提高信息获取的效率和便利性，但也存在着信息茧房效应、信息碎片化和虚假信息传播等问题。因此，平台还需要在算法设计和应用中充分考虑用户的信息需求和认知偏好，加强对算法运行机制的监管，以实现信息传播的公平、公正和多样化。

3. 社交网络上的水军

社交网络上的水军一般指虚假账号或雇用人员，信息的传播者通过大量虚假账号或雇用人员来制造、操纵或放大特定信息或舆论。

水军通过大量发布虚假信息、恶意评论或虚假转发等手段操纵舆论，他们会在社交网络上制造假象，让特定观点或信息看似得到了广泛支持或认可。这种行为可能误导公众的判断和决策，影响社会舆论的走向和政策制定的方向。

水军行为还会损害社交网络平台的信誉和用户体验，大量虚假账号的存在会降低平台的活跃度和用户参与度，使得真实用户体验感下降。同时，水军行为也可能导致平台的信息质量下降，降低用户对平台的信任。

另外，水军行为也暴露了社交网络平台在内容审核和用户管理方面的漏洞。由于平台对用户身份和行为的审核不严格，水军可以轻易地注册大量虚假账号，进行恶意操作和信息操纵。这种情况不仅损害了用户的权益，也给平台的长期发展带来了潜在风险。

然而，需要指出的是，有时候，水军也可能被用于提高品牌曝光度、引导讨论或传播正面信息。例如，一些公司或政府部门可能会雇用水军来宣传自己的产品或政策，以增加其在社交网络上的影响力和可见度。

这些社交网络上的认知操纵事件，揭示了信息时代的挑战和危机，也强调了信息传播和舆论引导对社会和政治稳定的重要影响。我们需要提高自己的信息素养，学会辨别各种操纵信息的手段，从而提高对不良信息的辨别能力和抵御能力。

第六章

认知调谐与心理抵抗

6.1 认知调谐的重要性

认知调谐作为一种心理过程，是指个体对信息的理解、接受和处理能力，以及对环境变化的适应和调整能力。在当今信息时代，认知调谐显得尤为重要，因为我们所接收到的信息日益庞大且多样化，而我们的认知资源是有限的。因此，学会有效地进行认知调谐，可以帮助我们有效应对挑战，保持心理健康，并取得更好的生活和工作成就。

1．认知调谐有助于减轻认知负荷

随着信息量的增加，我们需要不断处理各种各样的信息，而这往往会导致认知负荷过重。认知负荷过重会影响我们的注意力、思维和记忆等认知功能，进而降低我们的工作效率和生活质量。通过认知调谐，我们可以有选择性地关注和处理那些对我们重要和有意义的信息，从而减轻认知负荷，提高认知效率。

想象一下你是一名白领，每天早上一到办公室就被堆积如山的电子邮件淹没。这些邮件涵盖了各种各样的主题，有些是紧急的工作任务，有些是来自同事的请求，还有些是广告或垃圾邮件。在这种情况下，你可能会感到焦虑和不知所措，因为你不知道应该先处理哪些邮件。

通过认知调谐，你可以优先关注和处理那些对你工作和生活最重要的邮件。你可以采用一些策略，如设定优先级、删除不必要的邮件、批量处理类似的邮件等，来减轻认知负荷，提高工作效率。例如，你可以将有关工作任务的邮件标记为紧急或重要邮件，并按照优先级有序处理；将来自重要客户或合作伙伴的邮件放在首位；忽略不相关的广告或垃圾邮件。这样一来，你就能更好地应对工作压力，提高工作效率，同时保持心理健康和生活质量。

2. 认知调谐有助于筛选高质量信息

在当今信息化时代，我们经常面临着信息过载和信息混乱的问题，很难分辨信息的真实性和可靠性。如果我们不能有效地进行认知调谐，就容易被虚假信息误导，从而产生错误的认知。我们可以通过学会辨别信息的来源、核实信息的真实性，以及运用批判性思维和逻辑推理等方式来评估信息的可靠性，筛选高质量信息，避免被误导和欺骗。

我们常在社交媒体上看到产品广告，这些广告声称某种产品采用先进科技，并拥有无数的好处。在没有进行认知调谐的情况下，我们可能会被这些吸引人的宣传话语迷惑，认为这种产品确实具有神奇的功效，从而决定购买并使用它。然而，通过进行认知调谐，我们可以采取一些策略来评估这些信息的可靠性。首先，可以查看信息的来源，看是否来自可信的机构或权威人士；其次，可以核实信息的真实性，查找是否有权威的研究或报道支持该产品的声明；最后，可以运用批判性思维和逻辑推理，思考广告是否存在夸大或误导的情况。

通过这些方法，我们可以更好地评估信息的质量和可靠性，避免被虚假信息误导，从而做出更明智的决策。例如，在这种情况下，如果我们发现这种产品的宣传缺乏科学证据支持，或者存在负面的客户评价，就可以更加谨慎地考虑是否购买并使用该产品。这样一来，就可以避免被误导和欺骗，保护自己的健康和利益。

3．认知调谐有助于促进个体的心理健康和幸福感

当我们能够有选择地关注和处理那些对我们有益和积极的信息时，我们会感到更加愉悦和满足；相反，如果我们沉迷于负面的信息，或者为过多的信息所困扰，就会导致焦虑、沮丧、抑郁等情绪的出现。通过认知调谐，我们可以培养积极的心态和乐观的情绪，增强心理韧性，更好地应对生活中的挑战和压力。

假设我们每天在社交媒体上关注一些激励性的帖子、分享健康生活方式的账号或者传播有趣笑话的博主，通过这种选择，我们会让自己接触到更多积极、鼓舞人心的信息，从而提升自己的情绪状态。相反，如果我们沉迷于阅读负面的新闻、关注抱怨或暴力等内容，就会产生更多的焦虑、压力和不安。这些负面的信息会影响我们的心理状态，使我们更容易陷入消极的情绪中，甚至可能导致心理健康问题的出现。

通过认知调谐，我们可以学会有选择性地关注那些对自己有益的信息，避免过度沉浸于消极的内容中。例如，可以设定社交媒体过滤器，屏蔽掉一些消极的内容，或者定期参与一些积极的社交活动，与乐观向上的人群互动，从而促进自己的心理健康，提升幸福感。这样一来，我们就能更好地应对生活中的挑战和压力，保持积极的心态和乐观的情绪。

4．认知调谐有助于促进个体的学习和成长

当有选择性地关注和学习那些我们感兴趣并有实际效用的知识和技能时，我们会更容易地吸收和消化这些信息，从而提升学习效果，加快自己的成长速度；相反，如果我们被不相关或低质量的信息干扰，就会浪费大量时间和精力，从而降低我们的学习动力和成就感。通过认知调谐，我们可以更加高效地学习和成长，实现自我提升和个人发展的目标。

假设你对摄影很感兴趣，并且希望提高自己的摄影技能，通过认知调谐，你可以有意识地选择关注与摄影相关的高质量教程、专业摄影师的分享或者最新的摄影技术和趋势等内容。通过这种选择，你会将精力集中在

与你的兴趣和学习目标相关的内容上，避免被不相关或低质量的信息干扰和浪费时间。这样一来，你就能专注于学习摄影知识和技能，提升自己的摄影水平，实现个人发展的目标。

相反，如果你花费大量时间在与摄影无关的内容上，如社交媒体上的八卦新闻或者低质量的娱乐视频，就会浪费时间和精力，影响自己的学习效果。认知调谐能力对于个人职业成就、学习成果以及兴趣爱好的发展都是至关重要的。

综上所述，认知调谐不仅有助于减轻认知负荷，提升信息的质量和可靠性，维护个体的心理健康，还有助于促进个体的学习和成长。因此，我们应该重视并努力学会有效地进行认知调谐，以应对挑战、提高生活质量，并实现个人发展的目标。

6.2 认知调谐的方法与技巧

认知调谐是一种重要的心理技能，它可以帮助我们更有效地处理信息，促进心理健康，提升幸福感。下面我们将深入探讨认知调谐的有关方法与技巧。这些方法和技巧可以帮助我们更好地理解和应对各种挑战。

1. 自我意识和观察

我们需要培养自我意识和观察能力。通过观察自己的思维模式、情绪变化和行为反应，个体可以更好地了解自己的认知偏好和心理倾向。这样的自我观察可以帮助个体及时发现和纠正不良的认知模式，从而更好地应对各种情境。

例如，一个人发现自己在一天结束时往往会感到焦虑，于是开始记录自己每天遇到的事情和情绪反应。通过观察这些记录，他可能发现某些特定的事情会触发他的压力和焦虑，比如与特定的人交流某项工作任务。通过这样的观察，他可以意识到自己的情绪模式，并采取措施来应对或改变这些模式，比如通过学习情绪调节技巧或改变思维方式来减轻压力和焦虑。这个过程展示了如何通过自我观察来认识自己的认知偏好和情绪反应，并采取措施来改善心理健康。

2. 认知重构和思维修正

我们可以通过认知重构和思维修正来调整自己的认知模式。当个体发现自己存在错误的认知或负面的思维模式时，可以通过反思和重新评估来修正这些认知偏差。例如，当个体陷入消极情绪时，可以通过寻找证据和思考问题的积极方面来改变自己的思维方式，从而提升情绪状态。

假设一个人经常对自己说："我总是失败，我什么都做不好。"这种负面的自我评价可能会导致自我怀疑和沮丧。当我们遇到这种情况时，可以通过认知重构反思这种思维，并寻找证据来支持或反驳这种想法。

可以问自己："我真的总是失败吗？有没有成功的例子？"通过回顾自己的生活和经历，一个人总会发现自己曾经多多少少有过成功的经历。

这些证据可以帮助我们修正自己的认知偏差，认识到自己并不总是失败，而是在某些方面取得过成功。随着时间的推移，我们就可以逐渐改变自己的思维方式，积极地看待自己和生活，从而提升自己的情绪状态和心理健康。

3. 目标设定与优先排序

在进行认知调谐时，我们需要明确自己的目标并对眼前的信息设定优先级。这意味着我们需要知道自己希望达到的目标是什么，以及哪些信息对于实现这些目标是最重要的。通过设定清晰的目标和对信息进行优先级排序，我们可以更有针对性地关注和处理重要信息，避免陷入与目标无关或关联度较低的信息海洋中。

假设一个人有一个重要的项目需要完成，这个项目对他的职业发展非常重要，同时他还有其他一些琐碎的任务需要处理。如果他能意识到完成项目是他的首要目标，为了有效地管理时间，他就会设定清晰的目标：在截止日期之前完成项目。

4. 信息筛选与过滤

认知调谐的关键之一是学会有效地筛选和过滤信息。我们生活在这个信息化时代，每天都会接收到大量来自新闻、社交媒体、电子邮件等不同渠道的信息。因此，我们需要学会辨别哪些信息对我们有益，哪些信息是无关或低质量的。通过设定筛选标准和利用工具（如社交媒体过滤器），我们可以更有效地管理自己的信息流，有选择性地关注那些对自己有益的内容。

假设我们花费大量时间在社交媒体上，便会发现其中有些内容会对人的情绪和精神健康产生负面影响。因此需要有意识地筛选和过滤信息，以确保只接收到对自身有益的内容。关键是要设定筛选标准，如关注提供有价值信息或启发性内容的账号、取消关注发布负面内容的账号、使用社交媒体平台提供的过滤器和屏蔽功能等。

通过设定这些筛选标准和利用工具，可以有效地管理自己的社交媒体信息流，从而提升自己的心理健康水平和情绪状态。

5. 情绪调节和应对策略

在面对负面信息或挑战时，情绪调节和应对策略至关重要。认知调谐并不意味着完全避免负面情绪，而是要学会有效地处理和调节这些情绪。我们可以通过各种技巧如深呼吸、正面思考、身体运动等来帮助自己应对负面情绪，并保持心理状态的平衡和稳定。

例如，假设我们在工作中遇到了一项艰巨的任务，感到压力很大，情绪开始变得焦虑和沮丧。此时，我们可以采取一些情绪调节和应对策略来帮助自己度过这个困难时期。例如，尝试深呼吸等放松练习，进行正面思考和自我鼓励，开展身体运动、积极锻炼身体等应对策略来进行情绪调节，能够帮助我们较好地处理压力和负面情绪，保持我们的心理平衡状态，从而让我们更有能量应对工作中的挑战。

6. 持续学习与反馈调整

认知调谐是一个需要不断学习并根据反馈进行适时调整的持续过程。通过持续学习和反馈调整，我们可以提升自己的认知调谐能力，更好地适应环境的变化和挑战。

假设一名市场营销经理，比较了在过去大获成功的营销策略，发现最近的实践效果不如预期，显然需要持续学习和根据反馈调整营销策略以适应市场的快速变化。如果他能采取持续学习、实施新技术、收集反馈、反思和调整等步骤来整合和提升自己的营销策略，那么通过这个过程，不仅他自己的专业技能能够得到提升，他的团队也能够更灵活地应对市场的变化，从而提高整体营销效果，受到大家的认可。

6.3 心理抵抗与认知保护

在当今信息化时代，我们不可避免地会接触到大量的信息，包括来自社交媒体、新闻、广告等各种渠道的信息。这些信息可能对我们的认知产生重大影响，甚至影响到我们的心理健康。因此，学会保护自己的认知，提升心理抵抗力，成为至关重要的任务。

在面对大量信息的冲击时，我们可能会产生焦虑、沮丧等负面情绪。因此，保持良好的心理抵抗力对于维持我们健康的心理状态来说至关重要。心理抵抗力是指我们抵抗外界压力和负面情绪的能力，包括对抗焦虑、抑郁等心理问题的能力。为了提升心理抵抗力，我们可以通过锻炼身体、保持良好的生活习惯、寻求心理咨询等方式来提高自己的心理素质。

比如，一个学生即将参加一场重要的考试。这场考试对他的未来至关重要，但是他感到非常焦虑和紧张，担心自己无法应对考试的压力。为了提升自己的心理抵抗力，他可以采取以下措施。

- **锻炼身体**：他可以每天进行适量的体育锻炼，比如慢跑或者打篮球。这样，他可以释放体内的压力，提高身体素质，同时促进身心健康。
- **保持良好的生活习惯**：他可以保持规律的作息时间，确保充足的睡眠，均衡饮食，远离烟酒等不良嗜好，这些都有助于保持身心的健康状态。
- **寻求心理咨询**：如果他感到过度焦虑或压力过大，可以寻求心理咨询师的帮助，通过谈话和专业的心理疏导来缓解焦虑情绪，学会更好地应对压力。

通过这些方法，他可以增强自己的心理抵抗力，从而能够更好地面对考试压力，提高应对困难和挑战的能力。

此外，认知保护也是至关重要的。认知保护是指保护我们的认知免受外界负面影响的一种能力，包括保护我们的思维方式、价值观念等方面的认知，采取措施来保障我们个体的认知功能和心理健康等。

生活在各种形式的压力、干扰和负面情绪下可能会对我们的认知功能产生负面影响，如导致我们注意力不集中、记忆力下降、决策能力受损等。认知保护的目标是通过采取积极的行动和应对策略，减少负面影响，提高我们的认知功能的稳定性和心理健康水平。

我们可以通过学会管理压力、保持情绪平稳、培养适应能力、寻求社会支持等方法，以及通过健康的生活方式和有效的认知训练来保护自己的认知。我们还可以采取一些具体的措施，比如培养乐观的心态、建立健康的社交关系、合理地规划工作和生活等。

比如，一个职场新人，他在工作中遇到了挑战和困难，经常感到失望和沮丧。为了保护自己的认知，他可以采取以下措施。

• **培养乐观的心态：**他可以学会积极看待问题，相信自己的能力，坚信困难只是暂时的，而不是永恒的。

• **建立健康的社交关系：**他可以与同事建立良好的关系，互相支持和鼓励，分享工作和生活中的快乐与挑战。

• **合理地规划工作与生活：**他可以设定合理的工作目标和计划，合理安排工作和休息时间，避免工作过度紧张导致的疲劳和情绪波动。

通过这些措施，他可以更好地保护自己的认知，避免过度消极、过于悲观等负面思维，提高应对挑战和困难的能力，更好地适应工作和生活的变化。

我们每天所接收到的信息将直接影响我们的思考方式、情绪状态和行为表现。因此，保护认知健康就显得尤为重要。

首先，我们需要意识到，我们的认知受到了外部信息的影响。但这并不意味着我们要完全封闭自己，而是要学会审慎地选择接受和相信哪些信息。例如，有些新闻报道可能存在夸大事实、断章取义的情况，我们需要学会辨别信息的真伪，不轻易相信一切所见所闻。可以通过查证信息来源、对比多家报道等方式，来提高我们的信息辨别能力，避免被误导。

其次，保持心态的平和也是保护认知的重要手段。在面对负面信息或者压力时，过度的焦虑和恐慌只会削弱我们的心理抵抗力，使我们更容易受到外界信息的影响。因此，可以通过深呼吸、做运动、冥想等方式保持内心的平静，对抗外界的干扰，这些也是提升认知保护能力的有效途径。

再次，培养健康的信息消化习惯也是保护认知的关键。过度沉迷于短视频、电视剧、游戏等娱乐方式，不仅会浪费大量时间，还可能导致认知能力下降、注意力不集中等问题。因此，我们需要合理规划自己的娱乐时间，尽量选择那些对认知有益的活动，比如阅读书籍、参加思维训练等。

最后，建立支持系统也是提升心理抵抗力的重要途径。与家人、朋友、同事等建立良好的关系，可以在遇到困难和挑战时获得情感支持和帮助，帮助我们更好地应对外界压力，保护自己的认知健康。通过与他人的交流和分享，我们可以从他们的经验和观点中获得启发，增强自己的认知能力和抗压能力。

总的来说，心理抵抗与认知保护是我们在当今信息化时代必须面对的重要任务。通过意识到外部信息对我们认知的影响、保持平和的心态、培养健康的信息消化习惯以及建立支持系统，可以有效提升自己的心理抵抗力，保护好自己的认知健康。

6.4 心理抵抗力的培养与提升

心理抵抗力，又称为心理韧性或心理弹性，是指个体在面对压力、挑战或创伤时能够保持稳定的心理状态，并通过积极的应对方式来面对困境、回到正轨的能力。具有较强的心理抵抗力的人往往能够更快地从逆境中恢复过来，保持乐观的心态，并且在面对类似的挑战时更具有适应性和应对能力。

当谈到心理抵抗力时，我们就不得不提到斯蒂芬·威廉·霍金。尽管他因患有肌肉萎缩性侧索硬化症（ALS）——这是一种神经系统疾病——失去了行动能力，但他却展现了惊人的心理抵抗力。霍金没有被疾病击倒，而是继续投身于他的科学研究，并成为一位杰出的理论物理学家。他在逆境中展现的坚韧精神让人敬佩，他的乐观态度和对生活的热情激励了无数人。

霍金的故事是关于心理抵抗力的真实案例，他的精神鼓舞着我们，让我们相信，无论面对何种困难，我们都可以战胜逆境，并继续前行。

心理抵抗力的重要性体现在多个方面。

• **保护心理健康**：心理抵抗力可以帮助个体更好地应对各种压力和挑战，减少焦虑、抑郁等心理问题。

• **提高生活质量**：具有较强心理抵抗力的个体更能够享受生活，具有更积极的情绪体验和更好的人际关系。

• **提高工作效率**：在职场中，拥有良好的心理抵抗力可以帮助个体更好地应对工作压力，提高工作效率，激发创造力。

• **塑造健康的生活方式**：心理抵抗力有益于个体养成更健康的生活方式，如更健康的饮食习惯、规律的运动和良好的睡眠习惯。

那么，我们该如何提升我们的心理抵抗力呢？

第一步，建立积极的心态

积极的心态是培养心理抵抗力的基础。个体可以通过改变自己的思维方式，从消极转向积极，更加乐观地看待生活中的挑战和困难。我们应将问题视为挑战而非障碍，相信自己具有克服困难的能力。

例如，如果一个员工发现自己的项目遇到了困难，他可以沮丧地承认这是一个无法克服的障碍，也可以乐观地将其视为一个学习和成长的机会。在积极心态的影响下，他可能会寻求帮助、调整策略或与团队合作，最终克服困难并取得成功。这种积极的心态有助于提升他的心理抵抗力，使他能够更好地应对类似的挑战。

第二步，培养适应性

适应性是心理抵抗力的重要组成部分。个体需要学会适应环境的变化，灵活调整自己的行为和思维方式以应对不同的情境。逐渐暴露于产生压力的环境，并从中学习和成长，可以帮助个体提升适应性。

例如，一个学生从家乡来到一个新城市上大学，可能会面临许多新的挑战，如适应新的学习环境、社交圈子和生活方式。通过培养适应性，他可以灵活地调整自己的行为和思维方式，以适应新的环境。他可以主动寻找与新同学建立联系的机会，探索新的学习方法，以及逐渐熟悉新的生活节奏和城市环境。通过逐渐暴露于具有压力的、新的环境和挑战，并从中学习和成长，他可以逐渐提升自己的适应性，更好地适应新的生活环境。

第三步，建立社会支持系统

社会支持是提升心理抵抗力的重要途径之一。个体可以通过与家人、朋友、同事等建立良好的关系，分享彼此的情感和经验，获得情感上的支持和鼓励，从而更好地应对挑战和困难。

假设一个人正在面对工作上的困难，他可以与家人、朋友或同事分享他的困扰和挑战，寻求他们的意见和支持。在这个过程中，他可能会得到情感上的支持和鼓励，也可能会得到一些建议或发现新的观点，帮助他更好地应对问题。此外，与他人分享自己的经历还可以促进情感上的交流和理解，加强人际关系，从而在遇到困难时得到更多的支持和关怀。通过建立社会支持系统，他可以更好地面对挑战和困难，提升自己的心理抵抗力。

第四步，注重自我照顾

个体需要注重自我照顾，包括保持规律的作息时间、健康的饮食和充足的睡眠等。身体的健康与心理抵抗力密切相关，保持身体健康是提升心理抵抗力的重要保障。

例如，一个工作繁忙的职场人士可能会感到压力很大，但他可以通过规律的作息时间来保持身心健康。他可以设定每天固定的睡眠时间，确保充足的休息，这有助于恢复体力和提升注意力。此外，他还可以注意饮食，选择健康的食物，保持摄入的营养均衡，增强抵抗力。通过注重自我照顾，他可以更好地保持身体健康，提升自己的心理抵抗力，更好地应对工作和生活中的挑战。

第五步，学会应对压力

个体需要学会有效地应对各种压力源，采取积极的应对策略。这包括寻找解决问题的方法、学会放松的技巧、寻求支持等。通过积极应对，个体可以更好地保护自己的心理健康，并提升心理抵抗力。

例如，一个销售人员每天都要面对各种挑战，如客户的抱怨、销售目标的压力等。他可以采取积极的应对策略，如学会与客户有效沟通，与同事分享经验，以及掌握应对压力的技巧，如定期的休息、健身活动。通过这些方法，他或许能够更好地应对工作压力，保持心理健康，提升自己的心理抵抗力。

心理抵抗力是我们面对生活中的挑战和压力时所需的一项关键能力，

通过培养和提升心理抵抗力，不仅有助于我们更从容地面对压力和挑战，还能增强自信心、提高工作效率、改善人际关系，甚至提高生活质量。因此，投资于培养和提升心理抵抗力是值得的，它不仅能够让我们更好地克服困难，还能让我们的内心变得更加强大。

第七章

信息过载与认知处理

7.1 信息过载的现象与影响

在当今时代，我们身处于一个信息过载的环境中。从早晨醒来，我们就被信息包围着：手机屏幕上的通知、社交媒体的消息、新闻报道的推送，等等。信息如洪水般涌入我们的生活，给我们带来了巨大的挑战，同时也影响着我们的认知处理方式。

信息过载，顾名思义，即信息量远远超出我们处理能力的状态。这个概念在现代社会显得越发重要，但其实早在20世纪50年代，传播学者赫伯特·西蒙就提出了“信息经济学”的概念，强调了信息过载对决策的影响。他认为，信息过多会导致决策者无法有效地处理和利用信息，进而影响决策的质量。

历史上有许多事件都展现了信息过载的严重性以及对社会的影响。其中一个著名的事例就是2008年美国经济危机。在这场危机中，大量的金融数据、分析报告和市场预测不断涌入投资者的视野，然而，由于信息过载，许多投资者无法准确判断经济的真实状况，最终导致了市场的崩盘。

那么作为接收信息的个人，信息过载会对我们造成什么影响呢？心理学家指出，信息过载会导致注意力不集中、决策质量下降、焦虑情绪增加等问题。认知心理学家乔治·米勒曾经提出“米勒定律”，认为人类大脑的信息处理能力有限，能同时处理的信息数量为7个左右。而随着信息量的增加，人们往往会陷入决策困境，无法有效地处理信息，从而导致认知负荷过重。

在日常生活中，我们也经常受到信息过载的影响。例如，一个购物网站上有数百种商品可供选择，一个社交媒体平台上有数十个关注好友的更新动态，一个新闻类应用上有数百条新闻推送，等等。在这种情况下，我们往往会感到不知所措，无法有效地筛选和利用信息，甚至产生选择困难症等问题。

然而，大量重复的信息输入也是一种宣传的方式。在生活中，我们一定会有一些一代人共同的回忆，就像奥利奥饼干“扭一扭、舔一舔、泡一泡”的活泼宣传词，搭配上小男孩和小女孩一起分享奥利奥饼干的画面，以及温馨的音乐和梦幻的场景，营造出了美好的氛围。这样的集体记忆其实绝大部分是大量重复的信息输入造成的。这类广告以其独特的创意、生动的情景和易记的台词，在观众的心中留下了深刻的印象。

广告与信息过载密切相关，它们在当今信息社会中相互作用，共同塑造着我们的认知环境和行为方式。广告作为一种宣传手段，通过各种媒介向大众传递信息，促使消费者产生购买欲望和行为。然而，随着信息的爆炸性增长，广告也成为信息过载的重要原因之一。

一个经典的例子是电视广告的反复播放。看电视时，我们经常会看到同一条广告在不同时间段和不同节目中反复出现。例如，某个品牌的汽车广告可能会在黄金时段、新闻节目、娱乐节目等多个时段或节目中播放。这样的频繁播放可以让观众多次接触到广告信息，增加被记忆和认知的机会，从而提高广告的影响力。

另一个例子是互联网广告的反复曝光。在网站浏览、社交媒体浏览、搜索引擎查询等活动中，我们经常会看到同一个产品或服务的广告多次出现。这种反复曝光可以让用户在不同场景下多次接触到广告，增加广告的曝光度和影响力。

刚刚所提到的广告的反复播放原理是一种常见的广告传播策略，它通过反复播放同一条广告，以增强观众的记忆和认知，从而增强广告的效果，提升其影响力。

这种策略利用了心理学中的“重复效应”原理，即人们在多次接触到同一信息后，更容易记住和接受这个信息。一项由哈佛大学的心理学家赫尔曼·艾宾豪斯于 1977 年进行的实验被认为是关于重复广告与观众接受之间关系的经典研究之一。该实验旨在探究广告的重复播放对观众记忆和态度的影响。

在实验中，实验组被分为重复播放组和一次性播放组。重复播放组在短时间内反复观看相同的广告，而一次性播放组只观看一次该广告。研究人员播放了一则广告片段，然后对两组的观众进行了问卷调查和记忆测试，以了解他们对广告的态度和记忆程度。实验结果显示，重复播放组的观众在记忆测试中表现更好，并且对广告的态度更为积极。具体数据显示，重复播放组的观众记忆率提高了约 20%。

这项实验表明了广告的重复播放对观众的记忆和态度具有积极的影响。重复播放可以增强观众对广告的记忆，提高他们对广告的接受度。这一结论对于广告制作和传播具有重要的指导意义。

广告的普及和频繁出现加剧了信息过载。在电视、社交媒体等各种媒介上，我们时刻都会受到广告的影响。从产品推销到政治宣传，从商业广告到社会公益广告，各种类型的广告不断涌现，形成了庞大的广告信息网络。在这种情况下，接收者往往难以避免被广告信息淹没，面临着认知负荷过重的问题。

广告与信息过载的关系还体现在广告内容的多样性和个性化定制上。随着技术的进步和大数据概念的普及，广告商可以根据个体的偏好和行为习惯进行精准定向投放，使得广告更加贴近消费者的需求和兴趣。然而，个性化广告也带来了信息过载的风险，过多的个性化广告可能会使人产生疲劳和厌恶，甚至陷入消费焦虑和决策困境。

如何有效应对过量广告与信息过载的挑战，成为当今社会亟待解决的问题。

面对信息过载带来的挑战，人们开始探索各种认知处理策略。信息筛选、信息过滤、信息分类等成为人们处理信息的重要手段。同时，一些心理学家提出了“信息断奶”“数字断食”等概念，鼓励人们适当减少信息消费，提高信息利用效率。

总的来说，信息过载是当今社会面临的一个严峻挑战，它不仅影响着个人的认知处理能力，也影响着整个社会的运行和发展。通过了解信息过载的现象和影响，以及探索应对策略，我们可以更好地应对信息过载带来的挑战，提高信息利用效率，保持健康的认知状态。

7.2 认知处理理论与信息加工

上一节我们讨论了信息过载是什么，资本是如何通过信息过载的策略操纵消费者的，在信息化时代，我们每天都面临着海量的信息，从社交媒体、新闻报道到广告宣传，无处不在的信息源源不断地冲击着我们的感官和认知系统。而面对如此庞杂的信息，我们的大脑是如何进行处理和加工的呢？下面，本节将通过探讨认知处理理论，并与历史社会事件相结合，来深入剖析信息过载对我们认知的影响以及应对之道。

在探讨认知处理理论之前，让我们先回顾一段历史事件。20 世纪六七十年代，美国与越南进行了长达十多年的战争。这场战争不仅带来了数以百万计的人员伤亡，更是引发了全球范围内的社会震荡和反战浪潮。在这个时期，美国政府试图通过大量的宣传将战争美化，宣扬战争的必要性和正当性，以获取国内民众的支持。

针对这一历史事件，认知心理学家丹尼尔·卡尼曼在其著作《思考，快与慢》中提出了著名的认知处理理论。卡尼曼认为，人类的思维方式可以分为两个系统：系统一和系统二。系统一是一种快速、依赖直觉的思维方式，主要负责处理日常生活中的简单任务和自动化行为。而系统二则是一种慢速、深思熟虑的思维方式，用于处理复杂的问题和做出重大决策。

在越战时期，美国政府利用了人们的系统一思维特点，通过简单而情绪化的宣传手段，操纵民众的情感和认知，使他们更容易接受战争的合理性。例如，政府通过广告、海报等媒体形式展示战争的“英雄主义”和“正义感”，强调参军是一种“荣誉”，从而激发了许多年轻人的参军热情。这种简单直接的宣传手段正是利用了人们系统一的思维方式，使他们在不经过深思熟虑的情况下就接受了政府的观点。

然而，认知处理理论也揭示了人类思维的局限性。尽管系统一在处理简单任务和做出情感判断时表现出色，但在面对复杂的信息以及需要做出决策时，它往往会受到环境或他人的影响，使人产生认知上的偏见或做出错误的判断。在越战时期，许多参战士兵和美国民众在接受政府宣传的同时，也忽略了战争背后的复杂性和道德问题，因而做出了不理性的决策。

专家对此进行了深入的分析。心理学家阿莫斯·特沃斯基和丹尼尔·卡尼曼在研究中发现，人们在面对不确定性和复杂信息时往往会依赖启发式和简化策略，而忽视了更深层次的思考和分析。这种认知偏见导致人们在信息处理过程中的判断错误和决策失误。

除了政府机构的宣传，我们还可以看到对现代社交媒体上信息认知处理的重要性。

“比萨门”（Pizzagate）事件起源于2016年美国总统选举期间，当时互联网上流传着一系列基于误解和阴谋论的帖子，声称华盛顿哥伦比亚特区的一个小型比萨店是一个高级政治人物参与的儿童性交易的秘密场所。这一阴谋论最初源自希拉里·克林顿竞选团队主席约翰·波德斯塔的电子邮箱被黑客入侵，并被公开在“维基揭秘”（WikiLeaks）上。

邮件被公之于众后，人们对波德斯塔邮件中频繁提及的比萨产生了怀疑。一些右翼博主和社交媒体用户开始将这一点与全球范围的儿童性交易阴谋联系起来，尽管没有任何实际证据支持这种说法。这些帖子声称比萨店内有秘密隧道，并且店主、员工以及多位与店铺有往来的政治人物涉身其中。随后，这些毫无根据的指控在社交媒体上被迅速扩散，尤其是在 Twitter（推特）、Reddit（红迪网）这类平台上，许多用户参与了所谓的“自行调查”。

主流媒体和事实核查机构迅速对这种阴谋论进行了驳斥，明确指出“比萨门”事件完全是基于错误信息的虚假新闻。然而，阴谋论的信徒并未因此止步，他们甚至对揭露真相的记者和媒体发起了舆论攻击，声称他们是“掩盖真相”的一部分。事件导致了比萨店员工面临严重的人身威胁和骚扰。

2016 年 12 月，一名北卡罗来纳州男子埃德加·韦尔奇，受阴谋论的驱使，携带枪支闯入该比萨店，试图自行“解救”被囚禁的儿童。在未发现任何儿童被囚禁的迹象后，他向店内一扇锁着的门开了一枪，随后被警方逮捕。此事件震惊了全国，凸显了虚假新闻和错误信息是如何激化公众行为，并导致严重后果的。

“比萨门”事件是现代认知处理理论研究的一个关键案例。这一事件表明，当公众接触到符合他们预期或偏见的信息时，很可能不进行深入分析和核实就信以为真。此外，社交媒体的回声室效应加剧了这种倾向，使得虚假信息迅速扩散，并由此产生负面的社会影响。对抗这种现象的策略包括提高公众的信息素养，强化批判性思维教育，以及开发更有效的信息验证工具。

从心理学模型的角度分析，多重记忆模型（于 1968 年提出）指出了在这类事件中大众加工处理信息的潜在机制，它提出了人类记忆系统的三个主要部分：感觉寄存器、短期记忆和长期记忆。在“比萨门”事件中，公众首先通过社交媒体接触到信息（感觉寄存器），然后信息进入短期记忆状态，这是加工和反应的阶段。由于社交媒体的信息通常缺乏深度处理，信息可能直接从短期记忆迅速转化为行动，而不经过长期记忆的深入加工和批判性评估。

面对信息过载和认知处理的挑战，我们需要采取一系列有效的应对策略。首先，我们应该意识到自己的认知局限性，进行深入的思考和分析；其次，我们应该保持批判性思维，不轻易相信单一信息源，多角度地获取和比较信息，以避免为单一观点所左右；最后，我们还可以通过提高信息素养和批判性思维能力，增强对信息的筛选和分析能力，从而更好地适应信息过载的环境。

总的来说，认知处理理论为我们深入理解信息过载和认知处理提供了重要的理论框架。通过对历史社会事件的分析和对原理的解读，我们可以更加清晰地认识到信息过载对我们认知的影响，以及应对之道。在信息化时代，保持理性思维和批判性思维，成为一种迫切的需求，也是我们适应和应对信息过载挑战的关键。

7.3 信息过载的应对策略

从古至今，人类一直在不断地追求获取更多信息，以便更好地了解世界、做出决策。然而，随着科技的发展和信息的泛滥，我们面临着前所未有的挑战：信息过载。信息过载虽然给我们带来了巨大的便利，但也引发了认知处理上的困扰，挑战着我们的智慧和思维方式。

回顾历史，许多事件都可以作为信息过载的典型案例。例如，在文艺复兴时期，随着印刷术的发明和图书的大量出版，欧洲社会开始面临着如此数量之大且前所未有的阅读材料。这种信息的泛滥给人们带来了更多样的阅读乐趣，同时也引发了对信息真实性和可信度的质疑。专家学者如埃拉斯莫斯等人纷纷提醒人们要审慎对待信息，不要被虚假信息误导。

历史上的信息过载案例提醒我们警惕信息泛滥危机，同时也为如何应对信息过载提供了启示。在当前的信息过载时代，我们可以借鉴历史经验，采取一系列应对策略来处理信息过载带来的认知挑战。

在关联到我们的具体生活之前，我们可以寻求一下心理学理论的帮助。

1. 有限理性理论

这是赫伯特·西蒙提出的理论，强调在决策过程中，由于信息处理能力有限，人们往往会采取满意化策略，即在可接受的解决方案中选择一个“足够好”的，而非最优的。

我们在处理信息时，要明确自己的目标和需求，避免过度追求完美，减少不必要的信息搜索和分析。

2. 信息疲劳综合征

这是一种现代心理疾病，由于信息过载，个体在处理信息时感到压力大和疲劳，难以做出有效决策。就像我们在工作繁杂时会抗拒电子产品，对社交媒体头条感到厌烦，在电梯、商场看到广告时想要逃避，都是信息疲劳综合征的体现。

针对这种现状，我们可以设定固定的信息检查时间，减少随时随地接触信息的行为，专注于当前的任务，避免多任务同时处理。

如果应对策略得当，社交媒体在处理公共事件中也可以起到良性作用，然而，这也会带来信息过载的问题，需要大众在海量信息中迅速识别真伪，做出反应。

阿拉伯之春就是这样的一个历史事件，发生于2011年，它涉及多个中东和北非国家的一系列反政府抗议和起义。社交媒体在这一事件中扮演了至关重要的角色，它不仅帮助组织者协调行动，还让全世界实时了解正在发生的事情。然而，信息的海量涌入也导致了严重的信息过载问题，抗议者和普通民众往往难以在大量信息中迅速识别真伪，做出正确的反应。

面对信息过载的挑战，抗议者采取了几种有效的应对策略。首先，他们通过创建有组织的网络小组和论坛来进行信息集中与交流。这些平台成为核实信息真实性的重要渠道，使得集体智慧得以发挥，提高了信息筛选的效率；其次，抗议者建立了可信任的信息源网络，比如经过信息核实的博客、社交媒体账户和新闻网站，这些经过验证的源头帮助他们优先获取重要且可靠的信息，减少了无关紧要的“背景噪音”对决策的干扰。

除此之外，抗议者还非常重视心理准备和调适。在持续动荡和不确定的环境中，维持心理健康是至关重要的。他们组织了一系列工作坊和讨论会，目的是为可能会面对的心理压力做好心理准备。在这个过程中，信息泛滥引发的焦虑和压力的策略是多种多样的，如定期进行团体辅导、举办心理健康日活动，以及对如何在高压环境下保持冷静和理智进行培训。

总的来说，阿拉伯之春事件不仅展示了社交媒体在现代政治运动中的力量，也突出了在信息密集环境中维持有效沟通和个人心理健康的重要性。抗议者通过利用集体智慧、建立可信任的信息源网络以及进行心理准备，有效地化解了信息过载问题，而这些策略为类似情境下的信息管理提供了宝贵的经验和启示。

首先，我们需要建立信息过滤的意识。正如英国哲学家培根所言：“阅读使人充实，会谈使人敏捷，写作使人精确。”在面对海量的信息时，我们需要学会筛选信息，辨别真伪，从而保持思维的清晰和敏捷。专家认为，建立信息过滤的意识是有效应对信息过载的第一步，只有通过筛选，我们才能够辨别出真正有价值的信息，避免被虚假信息误导。我们可以通过技术工具的运用来过滤信息：如使用 RSS 阅读器或内容管理系统，如 Feedly（飞利阅读器），筛选关注的新闻媒体和博主，有选择性地接收信息；利用邮件过滤和分类功能，管理电子邮件，避免邮箱过载。

其次，我们需要培养批判性思维能力。正如法国启蒙思想家伏尔泰所言：“怀疑是思维的开始。”在信息过载的时代，我们需要保持怀疑的态度，审视每一条信息的真实性和可信度。专家认为，批判性思维能力是有效防范信息过载的关键，只有通过质疑和辩证，我们才能够真正理解信息的内涵，做出明智的判断。

再次，我们还需要采取适当的信息管理策略。正如美国社会学家曼恩所言："信息过载不是信息太多，而是信息管理不当。"信息管理策略是应对信息过载的有效途径，只有通过科学合理的管理，我们才能够充分利用信息资源，提高信息处理效率。在信息过载的时代，我们需要学会利用各种信息管理工具，如时间管理工具、信息分类工具、信息筛选工具等，有效地管理和利用信息资源。我们可以运用一些时间管理技巧：设定"无干扰"时段，这段时间内不查看电子设备，专注于高优先级的任务；使用番茄工作法，划分工作时间，间隔期间短暂休息，保持注意力集中。

最后，我们需要注重自我调适和心理平衡。正如美国心理学家马斯洛所言："人的需要是有层次的，只有满足了低层次的需要，才能进一步追求高层次的需要。"在信息过载的时代，我们需要关注自身的心理健康，保持心理平衡，避免信息过载带来的压力和焦虑。专家认为，自我调适和心理平衡是有效化解信息过载的关键，通过调整心态，我们能够应对信息过载带来的挑战，保持身心健康。调整心态的方法有很多，如定期进行自我反思，检查自己的信息消费习惯是否对生活质量产生负面影响；进行正念冥想，提高对当前活动的专注度，减少外部信息的干扰。

综上所述，信息过载是我们面临的一项重要挑战，但同时也是我们的一次机遇。通过对历史事件的反思和专家学者的分析，我们可以更好地理解信息过载的本质，采取有效的应对策略，提高信息处理的能力和水平，从而更好地适应信息时代的发展要求。

7.4 有效利用信息与认知优化

面对信息过载的现代社会，有效利用信息并提高认知处理能力是提高决策质量和生活质量的关键。通过结合心理学和社会学的知识，我们可以学习如何更好地筛选、处理和应用信息。这一章节将探讨这些策略，并通过具体的历史事件来说明个人如何实际应用这些策略。

在本章第二节，我们提到了丹尼尔·卡尼曼的双加工理论是如何被用于美国对越战的宣传的。在接收信息时，我们会识别是应依赖直觉，还是需要深入分析。例如，在接受常规信息（如日常新闻摘要）时使用系统一，而在需要做出重大决策（如投资选择）时启动系统二。

与其相似的还有信息寻求行为理论。这一理论研究人们如何寻找、使用和评估信息。有效的信息处理不仅包括获取信息，还包括如何根据情境需要调整信息寻求行为。在日常生活中，我们可以根据个人目标和任务需求定制信息搜索策略，比如使用关键词过滤技术来优化搜索结果，减少无关信息的干扰。

元认知理论也是信息利用指导理论之一。元认知理论涉及个体对自己认知过程的认识和控制，包括计划、监控和评估认知活动。这一理论指导我们如何调整和优化信息处理策略。我们可以通过增强对自身学习和思考模式的意识，更有效地管理信息输入，选择最合适的方法来处理和记忆信息。例如，在学习新技能或解决问题时，适时调整学习策略，从而提高效率、增强效果。

2008 年金融危机的信息决策就是有效利用信息与认知优化的典型案例。2008 年全球金融危机是一个复杂的事件，涉及大量经济数据和金融信息。投资者、政策制定者和银行家必须在大量的市场数据和经济报告中做出快速而准确的决策。

金融专家和政策制定者通过设置信息优先级来首先处理关键信息。例如，他们可能更注重宏观经济指标和金融市场的稳定性分析，而非日常的市场波动。利用双加工理论中系统二的深入分析，在评估复杂的金融产品和市场趋势时，利用系统二的深度逻辑分析来避免冲动决策，如深入分析次贷市场的长期趋势而不是短期的价格波动。

在金融危机中，结合回忆录和企业财报，擅长有效利用信息与认知优化的个人和企业大多采用了以下策略。

- **技术工具的运用**：利用数据可视化工具，如 Tableau（塔博可视化）或 Excel 高级图表，直观理解复杂数据和趋势，提高决策效率。利用专业的信息聚合工具整理和优先处理相关信息，如经济分析软件。
- **时间管理与决策日志**：坚持记录决策日志，记录重大决策的思考过程和信息来源，有助于未来分析决策质量和优化决策模式。定期进行时间管理审计，评估信息处理活动的效率和效果，调整工作和学习习惯以优化时间利用。
- **心理调适与教育**：定期参与决策心理和策略训练课程，提高对不同信息加工需求的理解和适应能力，比如通过在线课程学习先进的信息分析技术，学习决策疲劳调整技巧，如适时的休息和轮换不同类型的任务，以避免长时间处理复杂信息导致的认知负担。
- **培养反思和批判性思维**：定期进行自我反思，评估使用的信息处理方法是否有效，以及如何改进。通过参加研讨会、阅读相关书籍或参与在线课程，不断提升批判性思维和问题解决技能。

结合上述心理学和社会学知识，个人可以更加高效地利用信息，并通过优化认知处理策略来提升个人在职业、生活等方面的决策质量。在 2008 年国际金融危机的背景下，金融专家和决策者通过精细的信息筛选、优先级设置以及深度分析，有效地应对了信息过载的挑战，这为我们提供了一个宝贵的启示，说明了在高压和信息爆炸的环境下如何做出清晰决策的过程。

同样，1986 年切尔诺贝利核灾难的信息管理，也是可供参考的重要案例。1986 年的切尔诺贝利核灾难是一个关键事件，凸显了在危机情况下信息管理的重要性。核反应堆爆炸后，苏联政府最初尝试隐瞒事故的严重性，导致了全球范围内对该事件信息的认知混乱和不信任。

事故之后，国际社会呼吁此类事件中要拥有更高的信息透明度和更深层次的信息共享。从此次事件中，我们可以学到的是，在类似的危机中，开放和透明地处理和共享信息对于建立信任和有效应对是至关重要的。此事件表明需要有系统来管理危机期间的信息流。通过建立专门的危机管理团队和信息渠道，可以确保关键信息的准确性和及时性，从而更有效地处理危机。

个人可以使用数字工具如 Evernote（印象笔记）或 Microsoft OneNote（微软笔记）来管理和分类信息，这些工具可以帮助个人记录、整理和回顾关键知识点。利用日历和提醒功能定期回顾重要信息，确保关键任务和截止日期不会被忽视。

通过上述策略的实施，个人不仅能够更有效地管理信息过载，还能通过优化认知处理策略来提升个人在职业、生活等方面的决策质量。在切尔诺贝利事件中学到的信息管理和危机应对经验，对于个人在处理日常信息流和潜在危机时具有指导意义。例如，信息的高透明度和及时更新对于构建信任和提高效率来说至关重要。

认知的优化还在于对信息的整理和查证。以下策略具有参考性。

- **质疑信息来源：** 培养检查信息来源可靠性的习惯，尤其是在处理可能影响重大决策的信息时。这包括查看信息发布者的资历、历史记录以及信息的原始来源。参考多个信源对比信息，以验证其准确性和全面性，特别是在接收到可能影响深远的新闻或数据时。

- **加入专业社群和专业会议：** 加入专业论坛和社群，如 Linkedin（领英）上的行业群组或专业的 Reddit 讨论板。这些社群能提供专业见解和最新行业动态，帮助提升个人的信息筛选能力和知识水平。主动参与行业会议，特别是研讨会，不仅可以获取第一手的专业信息，还能通过交流提高自身的认知水平、优化应对策略。

通过这些具体的操作策略，个人能够更好地控制信息流入，优化信息处理过程，并在面对复杂决策环境时保持清晰和高效的思考，从而提升生活和事业的成功率。从切尔诺贝利核灾难中学到的教训表明，无论是在国家级的危机还是个人职业发展中，高效和透明的信息管理都是至关重要的。

信息过载是人们在信息社会面临的共同挑战，但也是认知优化和个人成长的契机。通过有效利用信息和优化认知，人们可以更好地适应信息时代的要求，提高自身的认知水平，成为更加理性和独立的思考者。正如美国作家艾萨克·阿西莫夫所言：“信息是人类进步的动力，而正确利用信息则是智慧的体现。”

第八章

理性选择与决策思维

8.1 理性选择的基础理论

在探讨理性选择的基础理论之前，让我们回顾一段历史，一个令人深思的社会事件。

> 1986年的“挑战者号”航天飞机灾难。这一悲剧发生在“挑战者号”航天飞机的第25次航天任务中，当时航天飞机在升空后73秒就发生爆炸，造成机上七名宇航员全部遇难。事后调查发现，灾难的原因之一是弹射器密封圈的失效造成了冷却剂泄漏，最终导致了航天飞机的爆炸。

这一事件揭示了一个重要的现象：即使在看似最科学、最严谨的领域，决策也可能受到人为因素的影响。在“挑战者号”灾难中，工程师们发现了弹射器密封圈的问题后，决策层面临着是否推迟发射的抉择。然而，由于时间压力、经济成本等因素，他们最终选择了冒险发射。这种决策过程反映了人类在复杂情境下做决定时的思维弊端，并凸显了理性选择的重要性。

理性选择的基础理论深植于经济学、心理学等领域，并经过了众多专家学者的研究和探讨。理性选择理论认为，个体在面对各种选择时，会基于最大化个人利益的原则来做出决策。这一理论框架不仅在经济学中占有核心地位，也深刻影响了政治学、社会学以及心理学的研究。

我们先来探讨由约翰·冯·诺伊曼和奥斯卡·摩根斯特恩提出的博弈论，这是理性选择理论的一个重要支柱。博弈论研究的是在具有相互依赖性的决策情境中，理性个体如何进行策略性互动。例如，在“囚徒困境”这一经典博弈中，两名囚犯必须决定是合作还是背叛对方，而他们的最终选择将基于对对方行为的预测和个人利益的最大化。

这一模型揭示了个体决策中的复杂性和策略性，即使在追求个人最大利益的过程中也可能因为缺乏信任和沟通而达不到最优结果。在认知操纵的背景下，如何通过信息提供或隐瞒来影响他人的判断和选择成为关键。例如，在政治或广告领域，通过强调某些信息而忽略其他信息，操纵者可以引导公众做出对其有利的选择，即便这些选择未必符合个体的最佳利益。

行为经济学为理性选择理论提供了深入的补充，特别是丹尼尔·卡尼曼和阿莫斯·特沃斯基的前景理论。前景理论指出，人们在做出决策时对潜在损失的厌恶通常大于对同等程度收益的喜好，这与传统的理性选择理论相违背，后者假设人们总是以增加期望效用为目标。例如，一个人可能更倾向于选择避免损失 100 元的保守选项，而不是有 50% 可能赢得 200 元的冒险选项，即便这两个选项的期望收益相同。

这一发现说明了人们在决策过程中是如何由于对损失的过度敏感而偏离理性的。在认知操纵的场景中，通过放大潜在的负面后果，操纵者可以有效地驱使个体避免做出某些行为，即使这些行为的实际风险并不如被描述得那样高。这种策略常见于保险销售和政治竞选，通过利用人们的恐惧来影响决策者的选择。

心理学家丹尼尔·艾伯在其著作《预测未来》中提出了“预测失败”的概念，指出人类在判断未来事件时常常受到认知偏差的影响，从而做出不理性的选择。这种认知偏差可能源自心理上的舒适区偏差、信息过载等因素，使人们难以做出准确的预测和理性的选择。在《预测未来》中，艾伯详细分析人们在预测自己未来的行为、感受或偏好时常常会因受心理或环境的影响而出错。他指出，这些错误预测主要源自两个方面：过度自信和乐观偏见。过度自信使个体高估自己对某一情况的控制力或理解深度，而乐观偏见则让人们倾向于预测出正面结果，低估出现负面结果的可能性。

这些洞察成为认知操纵的重要工具。例如，广告商经常利用这些心理偏差来影响消费者的购买决策。通过放大产品可能带来的积极变化（利用乐观偏见），或者强调产品如何使消费者在某个社交群体中脱颖而出（针对过度自信），营销人员可以有效地促进产品的销售。

此外，政治宣传也经常利用这种预测失败原理来操纵公众意见。政治领袖和团体可能会通过承诺不切实际的政策结果来吸引选民，或者夸大其对复杂问题的控制能力，来获取支持和投票。这种做法通过滥用公众的乐观偏见和过度自信，成为一种强有力的认知操纵手段。

社会选择理论探讨了个体如何在其决策过程中将个人利益与集体利益相结合。这一理论由肯尼斯·阿罗提出，特别关注决策过程中的集体理性问题。例如，在选举中，虽然每位选民的理性选择是投给代表其利益的最佳候选人，但由于选举制度的设计，如相对多数制可能导致非最优候选人的胜出，因此选民可能需要采取策略性投票，以防止违背自己意愿的结果发生。

这种情况表明，理性选择不仅仅是个人层面的利益最大化问题，还必须考虑社会互动和制度环境的影响。在认知操纵的环境中，通过塑造对“公共利益”的认知，可以操纵个体支持特定的政策或候选人。例如，政治操纵者可能通过强调某政策对社会大多数人利益的符合，来促使个体做出与其个人直接利益可能不一致的选择。

通过对这些理论的讨论，我们可以看到，理性选择是一个多层面、多维度的决策过程，涉及个人心理偏好、群体互动、社会结构等多重因素。理解这些理论不仅有助于我们深入认识决策背后的复杂性，还可以指导我们在日常生活中做出更明智、更符合长远利益的选择。

历史上的种种事件和专家的分析都反映了理性选择的重要性和落地难

度。然而，正如经济学家约翰·梅纳德·凯恩斯所说：“当事实改变时，我就改变我的观点。你呢？”这提醒我们在决策过程中需要灵活应对，不断调整和修正自己的认知和选择。

总之，理性选择的基础理论涉及多个学科的研究和探讨，在实践中也存在着诸多挑战和难题。通过深入理解理性选择的基本原理，我们可以更好地应对复杂的决策情境，提高决策的准确性和效率，从而为个人和社会的发展带来积极的影响。

8.2 决策思维与决策 5 步法

历史是最好的老师，提供了无数关于决策成功的经验与失败的教训。特别是在关键时刻所做出的决策，无论成功或失败，都给后人留下了宝贵的启示。本节将重点分析历史上的一些标志性决策案例，这些案例展示了决策者是如何通过综合情报、评估风险，并运用策略性思维来做出决策、达成目标的。

通过对这些案例的学习，我们不仅可以理解决策过程中的复杂性和面临的挑战，还能够把握那些做出正确决策的关键因素。从国际政治冲突到重大科技项目的管理，再到全球卫生危机的应对，每一个事件都反映了不同类型事件的决策需求和应对策略。这些深入的分析将帮助我们构建一套实用的决策工具，使我们能在日常生活中更好地应用这些策略，避免常见的认知陷阱，提高决策质量，最终达到理性选择与优化决策的目标。

事件一：1991 年海湾战争期间的“沙漠风暴”行动

美国及其盟友在面对伊拉克入侵科威特的情况时，迅速而果断地形成了国际联盟，并通过精确的军事和外交策略迅速做出反应。在决策过程中，乔治·H·W. 布什总统和他的团队通过广泛的国际合作和详尽的军事计划，展示了在危机中通过合作和获取准确信息来优化决策的例子。通过与多国政府的协调，以及对地区动态的深入了解，这一战略不仅迅速解决了军事危机，还最大限度地减少了冲突的持续时间和复杂度。

事件二：2003 年的人类基因组计划（HGP）的完成

这是一个科学研究领域的里程碑事件，涉及庞大的国际合作和复杂的技术决策。项目领导者在面对巨大的技术挑战和潜在的伦理问题时，做出了一系列开创性的决策。他们通过创造开放的科研合作模式，以及在整个科研社区中促进数据共享和信息透明化，有效地推动了项目的进程，最终实现了对人类基因全图谱的解析。这一成功案例突出了在复杂的多学科环境中，通过开放合作和前瞻性策略来优化决策的重要性。

事件三：新加坡李光耀在城市国家经济发展战略中的决策

在 1965 年新加坡独立后，面对新加坡资源匮乏的劣势，李光耀采取的策略是将新加坡打造成为一个全球金融中心和贸易枢纽。通过实施严格的法律、推进教育体系的改革、建立对外开放市场，以及积极吸引外国投资，李光耀成功地使新加坡跻身于当今世界的发达国家行列。

事件四：2014 年埃博拉疫情的有效控制

面对迅速蔓延的病毒，国际组织，特别是世界卫生组织（WHO）与受影响国家的政府合作，快速制定并实施了一系列有效的防控措施，包括资源的快速调配、有效的隔离措施，以及公共卫生教育的加强。这些决策体现了在全球健康危机中，快速响应和基于证据的决策策略对于控制疫情的重要性。

这四个案例体现了几个关键的决策思维与认知特点，展示了在不同领域、不同危机的情况下做出正确决策的必要条件。

1. 战略性思维与长远规划

在“沙漠风暴”行动和李光耀的经济发展策略中，我们看到了战略性思维的显著应用。乔治·H·W. 布什总统的团队和李光耀都将眼光放长远，进行了深入的地缘政治分析和经济规划，确保决策能带来持久的积极影响。这种战略性思维帮助他们在复杂多变的国际舞台上，做出了高效且具有持续影响力的决策。

2. 基于证据的决策

在人类基因组计划和 2014 年埃博拉疫情的应对中，决策者依赖于科学证据和数据驱动的方法来指导行动。以上关于科学研究和公共卫生的决策展示了如何利用当前的最佳证据来搭建决策框架。这种方法不仅提高了决策的效率，也增强了公众对决策过程的信任。

3. 国际合作与多方协调

“沙漠风暴”行动和埃博拉疫情控制中明显展现了国际合作的重要性。通过跨国合作，决策者能够汇集资源、分享信息并统一行动策略，这对于应对跨国危机至关重要。国际合作为决策者提供了额外的视角和资源，有助于制订更全面、更有效的解决方案。

4. 信息透明度和与公众沟通

在人类基因组计划中，科研团队强调数据的开放访问和研究成果的透明分享，这提高了公众对科研过程的认知和接受度。良好的公众沟通策略是决策成功的关键，特别是在需要社会广泛参与和支持的项目中。

5. 适应性与灵活性

所有案例都体现了在充满不确定的动态环境中决策的适应性和灵活性。无论是调整军事战略以应对地面实际情况，还是在疫情爆发中快速调整公共卫生响应策略，决策者都必须能够根据新信息的出现和环境的变化灵活调整计划。

这些决策特点不仅体现了高效的决策思维和认知过程，也强调了在面对复杂挑战时，多维度分析、预见未来、科学决策、合作共赢和公众参与的重要性。通过这些成功的案例，我们可以学习如何在自己的决策实践中运用这些原则来提高决策的质量。

这些正面的决策案例告诉我们，在面对复杂挑战时，领导者和决策者如何通过收集信息资源、客观评估情况、制订有效的战略规划来做出有效和具有前瞻性的决策。这些成功的决策不仅优化了当时的结果，也为未来类似情况下的决策提供了宝贵的经验。

从历史成功决策案例中学习，我们可以形成一套实用的 5 步决策法，以帮助自己在生活中做出更明智、更高效的选择。这 5 步包括以下几点。

1. 明确决策目标

从一开始，明确你要解决的问题或要达成的目的。例如，在“沙漠风暴”行动中，决策者的目标是迅速解放科威特并维护地区稳定。在个人决策中，这意味着要具体明确自己的长短期目标和期望结果。

2. 收集信息和资源

系统地收集与决策相关的信息和资源。这包括从多个来源获取信息，评估信息的可靠性和相关性。在人类基因组计划中，科学家们通过广泛的国际合作和技术信息交流来推动项目进展。在个人决策中，这可能意味着从专家意见、数据分析，或者信得过的网络资源中寻找信息。

3．评估选择和风险

仔细权衡每个选择的利弊和潜在风险。这涉及预测每个选项可能的结果，并考虑最坏情况的应对策略。例如，对 2014 年埃博拉疫情的控制中，公卫专家们不仅制定了应对策略，还准备了应急计划来预防疫情的扩散。

4．做出决策

在充分准备后，基于收集的信息和进行的风险评估做出决策。良好的决策是由信息驱动、以目标为导向的。在个人层面，这可能意味着选择一条职业道路、决定购买房产或投资一项理财产品。

5．执行和评估

实施决策并定期回顾结果。成功的决策需要有效的执行和后续的监控。例如，在海湾战争中，美国及其盟友不仅制订了军事行动计划，还对行动进行了持续的评估和调整。在个人决策中，这意味着需要执行所选方案并根据结果调整策略，如必要时调整投资组合或职业发展计划。

通过这 5 步决策法，我们可以在个人生活中做出更为理智和高效的决策。正如历史上的成功案例所示，明确的目标、全面的信息收集、慎重的风险评估、坚定的决策执行以及持续的结果评估是做出成功决策的关键步骤。

8.3 决策失误与认知偏差

在人类历史长河中，决策扮演着至关重要的角色，影响着个人命运和整个社会的发展。然而，做决策并非总是理性而清晰的过程，而是受到认知因素的影响，包括情感、偏见和错误的推理等。在人类历史上，决策失误和认知偏差常常导致重大的社会事件和个人命运的转折。探究这些事件背后的认知心理学原理，不仅可以帮助我们理解决策的本质，还能够为我们提供宝贵的启示，以避免重蹈历史的覆辙。

一个经典的例子是1961年的古巴导弹危机。当时，美国总统约翰·肯尼迪面临苏联在古巴部署核导弹的严重威胁。这一危机引发了全球范围内的恐慌，局势一度紧张。在这一关键时刻，约翰·肯尼迪面临着一个艰难的决策：采取军事行动还是通过外交途径解决危机？在这一事件中，两国领导人的决策思维扮演了关键角色。约翰·肯尼迪总统和当时的苏联领导人尼基塔·赫鲁晓夫在危机爆发时面临着极为困难的选择，需要在维护国家利益和避免核战争之间做出艰难的决策。

心理学家丹尼尔·卡尼曼的研究指出，在决策过程中，人们往往受到诸多认知偏差的影响，从而导致决策失误。其中，一种常见的偏差是“可得性启发式”。这一启发式指的是人们在做决策时，往往会更多地考虑那些容易获取到或容易记忆的信息，而忽略那些更为重要但不那么显著的信息。在古巴导弹危机中，肯尼迪及其顾问团队可能受到了媒体报道和情报信息的影响，过度强调了军事选项的可行性，而忽视了通过外交途径解决危机的可能性。肯尼迪总统在危机中采取的决策，受到了许多认知偏见的影响，如过度自信、确认偏见和固执己见等。这些认知偏见导致了他在危机处理中的某些决策可能不是最理性和最有效的选择。

此外，我们之前提到的心理学家阿莫斯·特沃斯基和丹尼尔·卡尼曼的“前景理论”也为我们解释了决策过程中的另一个重要因素。根据前景理论，人们往往更倾向于避免损失，而不是追求同等价值的收益。

在古巴导弹危机中，肯尼迪及其团队可能面临着巨大的心理压力，因为选择军事行动可能会导致巨大的损失，而选择外交途径则可能被视为软弱和妥协。这两位科学家的合作研究也揭示了人类决策思维中的另一个重要概念——启发式与偏见。他们发现，人们在决策过程中倾向于使用启发式，即简化复杂问题的策略，但这往往会导致系统性偏见的产生。例如，肯尼迪总统在古巴导弹危机中受到了代表性启发式的影响，只依赖过去的经验和局部信息，而忽视了全局背后的风险与机遇。

当时的决策者在面对这一危机时，不仅需要应对外部压力和威胁，还需要克服内心的恐惧和不确定性带来的不安全感。正如心理学家丹尼尔·卡尼曼所说：“决策并非总是理性的，它们往往受到情绪和认知偏差的影响。”因此，理解认知偏差对决策的影响，对于提高决策的准确性和有效性至关重要。

除了心理学家的分析外，经济学家也对决策思维提出了独特的见解。诺贝尔奖得主理查德·塞勒姆在其经典著作《决策与经济行为》中提出了“边际决策”的概念，强调人们在面临选择时通常会考虑边际成本与边际效益。然而，他同时指出，人们在实际决策中往往会受到情感、偏见和局部信息的影响，导致决策结果偏离理性预期。

在第八章的开篇，我们简单了解了1986年的“挑战者号”航天飞机灾难是认知决策错误的结果，而结合前面介绍、分析的理论方法，我们现在可以从另一个比较专业的角度再来看这个事件。

> 1986年，美国航空航天局（NASA）和美国政府决定发射“挑战者号”航天飞机，这次决定最终导致了悲剧性结果。“挑战者号”在发射73秒后解体，导致机上七名宇航员全部遇难。这一决策失误是在多种认知偏差的共同作用下产生的灾难性结果。

首先，确认偏误在这次决策中起到了关键作用。在“挑战者号”发射前，工程师们对固体燃料助推器的O形环密封件在低温下的性能表示担忧，因为它们可能会失效。然而，管理层选择性地忽视了这些警告，强调那些支持发射的报告和数据。决策者倾向于寻找和采纳支持其预定计划的信息，而忽视或轻视相反的证据，导致了对风险的错误评估。

其次，群体思维在决策过程中扮演了重要角色。NASA内部的决策团队受到强烈的群体压力，追求一致意见而忽略了替代方案和反对声音。此前发射时间的多次延迟使得管理层承受了巨大的压力，他们希望避免进一步的推迟，维护NASA的公众形象，控制财政预算。为了达成共识，团队内部忽略了工程师的担忧和警告，这种群体思维导致了错误决策。

再次，过度自信也是一个显著的认知偏差。NASA管理层对航天飞机的技术和自身能力过于自信，低估了潜在的技术问题和环境因素的影响。尽管工程师提出了在低温条件下O形环可能失效的风险，但管理层相信他们可以控制和解决这些问题，低估了潜在的灾难性后果。

最后，事后理性化偏差也在其中起到了作用。在“挑战者号”灾难发生后，NASA和管理层试图通过各种方式合理化先前的决策，声称他们是基于当时的最佳信息做出决定的。这种心理机制使得他们难以全面认识并反思决策过程中的失误，从而阻碍了改进和调整的步伐。

“挑战者号”灾难的反面案例深刻揭示了确认偏误、群体思维、过度自信和事后理性化偏差是如何共同作用，进而导致了重大的决策失误的。通过这一案例，我们可以认识到在决策过程中保持开放的心态、重视反对意见、谨慎评估风险以及愿意承认和纠正错误的重要性。避免这些认知偏差不仅能提高决策质量，还能降低不必要的风险和成本，推动更加理性和科学的决策实践。

面对决策思维中的认知挑战，我们需要采取一系列措施来提高决策质量与效率。首先，我们应该意识到自己的认知偏见和决策失误，并努力克服它们；其次，我们可以借鉴决策科学和行为经济学的成果，学习如何进行系统性分析和决策建模，以更加客观和理性地进行决策；最后，我们还可以通过培养批判性思维和跨学科思维能力，来拓宽我们的决策视野，从而更好地应对复杂的决策环境。

哲学家尼采有一句名言：“有些人的头脑就像水泵，只不过能把它旁边的水都泵干。”这句话深刻地反映了人类决策思维中的局限性和错误性。然而，正是通过不断地反思和学习，我们才能够不断提升自己的决策水平，成为更加理性和明智的决策者。

8.4 理性决策与认知优势

决策是我们日常生活中无处不在的一部分。无论是在商场中选择购买哪件商品，还是在职场中决定下一步的职业发展，我们每天都在进行各种大大小小的决策。然而，你是否想过，为什么有时我们会做出看似明智却事后证明错误的选择？又或者，为什么有时我们会在毫无头绪时做出最佳决策？

这些问题背后，隐藏着复杂的认知机制和心理学原理。在本节中，我们将揭示如何通过理解和运用这些原理，提高我们的决策质量，避免常见的认知陷阱。通过分析历史上的成功案例和失败教训，我们不仅可以掌握决策的艺术，还能在生活和工作中做出更明智的选择。准备好探究那些让你困惑不已的决策秘密了吗？让我们从这里开始吧。

第一，培养开放的心态是实现理性决策的重要前提

保持开放的心态意味着愿意接纳不同观点，重视多元意见，避免确认偏误。例如，当你是一名项目经理，需要决定是否采用一项新技术来提高团队效率时，可以组织一个包含技术专家、业务分析师和一线员工的多元化团队，召开头脑风暴会议。每个成员提出自己的见解和担忧，而你可以通过记录和整理这些观点，形成一个全面的观点汇总。

此外，还可以邀请外部技术专家参加会议，提供第三方的专业意见，帮助打破内部信息屏障，避免确认偏误。同时，指定团队成员专门扮演“反对意见”角色，确保所有潜在风险和反对意见都经过认真讨论和考虑。

当你是一个家庭主妇，需要决定购买哪种家用电器时，开放的心态也是实现理性决策的重要前提。首先，可以在家庭会议上邀请所有家庭成员提出他们的意见和需求。每个人都可以分享他们对不同品牌和型号的看法，并讨论这些选择的优缺点。此外，可以查阅消费者报告和在线评测，获取外部专家的意见，帮助打破内部信息屏障。还可以与朋友、邻居交流，听取他们的使用经验和建议，确保所有潜在风险和反对意见都经过认真讨论和思考。

第二，建立系统化的信息收集和评估机制至关重要

成功的决策离不开充足和准确的信息，这要求我们在决策过程中应该系统地收集、整理和分析相关数据。例如，当你是公司市场部的负责人，而公司准备进入一个新的国际市场时，可以使用数据分析软件如 Tableau（塔博可视化）或 Power BI（微软数据可视化），收集并分析目标市场的经济数据、消费者行为和竞争对手情况。将数据可视化，便于识别趋势和模式。同时，从多个来源收集信息，包括市场研究报告、行业期刊、政府统计数据和新闻报道，对比不同来源的信息，确保数据的可靠性和准确性。还可以组织定性调研，如焦点小组和深度访谈，收集潜在客户的意见，补充量化数据的不足，提供更全面的市场洞察。

作为一名学生，准备选择大学和专业时，建立系统化的信息收集和评估机制也至关重要。可以使用大学排名和专业评估网站，如 US News（U.S. News 世界大学排名）、QS World University Rankings（QS 世界大学排名），收集并分析目标大学的专业排名、课程设置、就业前景等信息。通过创建 Excel 表格，将这些信息进行整理和对比，便于识别趋势和模式。此外，可以参加大学开放日活动，与在校生和教授面对面交流，获取第一手的信息和反馈。还可以加入相关的在线论坛和社交媒体群组，了解其他申请者和校友的经验和建议。

第三，运用决策矩阵法进行选择评估和优先级排序

例如，当你是一名采购经理，需要选择一个新的供应商时，可以列出所有供应商的关键指标，如制作成本、产品质量、交付时间、售后服务等，并根据其重要性赋予不同的权重。为每个供应商在每个指标上打分（如1—5分），然后根据权重计算总分。制作一个决策矩阵表格，列出所有供应商及其各项评分和总分，直观地比较各供应商的优劣，选择综合评分最高的供应商。

第四，情景规划和风险管理是应对复杂环境中不确定性的重要策略

例如，当你是公司的战略规划经理，负责制定公司未来五年的发展战略时，可以设计多个未来情景，如经济快速增长、市场萎缩、技术取得突破等，描述每个情景可能发生的变化和影响。为每个情景制定相应的应对策略，如在市场萎缩情景下，考虑削减成本和优化运营；在技术取得突破的情景下，加大研发投入，加深技术合作。使用风险评估工具，如SWOT分析和PEST分析，识别和评估每个情景的风险和机会，优先处理高风险情景，制订详细的应急计划。

第五，重视决策后的反馈和调整

理性决策不仅在于决策过程中的严谨和科学，更在于对决策效果的持续监控和反馈机制。例如，当你是一名产品经理，新产品已经上市，需要监控市场表现并进行调整，可以设定关键绩效指标（KPI），如销售额、市场份额、客户满意度等，定期收集和分析这些指标，评估产品表现。每季度召开产品表现回顾会议，汇报和讨论KPI的变化，提出问题和改进策略。根据反馈和数据分析结果，调整营销策略、产品功能或定价策略，及时响应市场变化，确保产品的持续竞争力。

当你是一个健康管理者，考虑选择一个新的健身计划时，重视决策后的反馈和调整也是实现理性决策的关键。我们也可以通过设定关键绩效指标来达成目标，如体重变化、体脂率、体能等，定期收集和分析这些指标，评估健身计划的效果。使用健康管理应用如MyFitnessPal（健康管理）或

Fitbit（跃我），可以帮助跟踪和管理 KPI，通过任务板和时间表，确保定期回顾和监控 KPI 的变化，提出问题和改进策略。根据反馈和数据分析结果，调整饮食计划、锻炼强度、运动项目种类，确保健身目标取得持续进展并最终实现。

通过这些情景和具体操作步骤，我们可以在实际决策过程中有效利用认知优势，提高决策质量，避免常见的认知偏差。这不仅提升了个人和组织的决策能力，也有助于更好地应对未来的不确定性和挑战，推动持续的进步和发展。

第九章

清醒思考与独立思维

9.1 清醒思考的意义与价值

清醒思考是人类智慧的象征，也是理性社会发展的基石。在历史的长河中，清醒思考扮演着重要角色，引导着人类持续进步与发展。本章将通过具体历史社会事件的导入，结合专家的深度分析，探讨清醒思考的意义与价值。

人类历史上的许多事件都彰显了清醒思考的重要性。在“二战”期间，德国纳粹党崛起，希特勒的极端主义统治带来了世界性的灾难。这一时期，许多德国人为希特勒的言论所蛊惑，盲目跟随，最终导致了战争的爆发。然而，在这个黑暗的历史时刻，也有一些人保持了清醒的思考。正如安妮·弗兰克所说：“人类的大敌并不是那些不守规矩的人，而是那些目睹不公却保持沉默的人。”

清醒思考的意义在于它提供了一种克服偏见、挑战常规并深入问题本质的方法。这种思维方式使个人能够评估各种信息的真实性和重要性，促进更深层次的理解，提供更广阔的视野。

1955 年 12 月 1 日，罗莎·帕克斯在美国亚拉巴马州蒙哥马利市的一辆公交车上进行了著名的抗议行动，这一事件清晰展示了清醒思考在社会变革中的力量。当时，蒙哥马利的公交车实行种族隔离政策，黑人乘客必须坐在后排座位，即便前排有空位，黑人也不能坐在那里。一旦车上座位不够，黑人乘客必须起身让座。

罗莎·帕克斯是一名黑人妇女，当天她坐在公交车的“有色人种”区域。当司机要求她让座给一名白人乘客时，她拒绝了。帕克斯并不是第一次面对种族隔离政策的不公，但她这次的拒绝并非偶然，而是经过深思熟虑的清醒思考。她意识到，自己必须站出来对抗这种不公，尽管她知道这可能威胁到她的人身自由和安全。

帕克斯被逮捕激起了广泛的社会反响，促使蒙哥马利市的黑人社区发起了长达381天的公交车抵制运动。由马丁·路德·金领导的这场运动得到了全国各地的支持，并最终促成了美国最高法院裁定公交车种族隔离政策违宪。这一历史事件不仅展示了个人清醒思考和勇气的力量，也标志着民权运动的重要胜利。

帕克斯的行动和随后的抗议运动表明，清醒思考如何促使个体采取理性和有力的行动，从而引发广泛的社会变革。她的例子说明，在面对不公和压迫时，清醒思考能够帮助我们认清问题的本质，鼓起勇气采取行动，推动社会进步。

对历史事件的反思与分析，需要借助专家学者的深度思考。心理学家菲利普·津巴多在其著作《恶的心理学》中深入剖析了人类行为背后的心理机制。他指出，人们往往更容易受到权威和集体压力的影响，导致理性思考发生扭曲。津巴多通过斯坦福监狱实验等一系列研究，揭示了在特定情境下，人们是如何被社会角色和外部环境影响，进而做出平时难以想象的行为的。

在斯坦福监狱实验中，普通大学生被随机分配为“囚犯”和“狱警”，结果显示，即便是心理健康、道德观念正常的个体，也会在特定情境中表现出极端行为。狱警角色的参与者逐渐变得专横，出现虐待囚犯的倾向；

而囚犯角色的参与者则变得顺从和无助。这一实验表明，权力的大小和社会地位的高低能极大地影响个人行为，甚至压制个人的理性思考和道德判断。

津巴多的研究提醒我们，清醒思考的重要性在于它能够帮助我们抵御外部压力，保持自我意识和价值观不受外力影响。在罗莎·帕克斯的案例中，她面临的社会环境充满了对黑人的压迫和歧视，但她通过清醒思考，认清了种族隔离政策的不公本质，选择了勇敢地站出来进行反抗。帕克斯没有因权威和集体的压力而屈服，而是坚持自己的信念，展示了清醒思考的力量。

帕克斯的行动不仅仅是一次个人的反抗，更是清醒思考在社会变革中的具体体现。她的行为激励了更多的人反思和质疑现状，从而推动了民权运动的发展。帕克斯的故事说明，只有通过清醒思考，我们才能在面对强大社会压力时保持理性和独立，做出符合道德和正义的选择。

通过津巴多的理论和帕克斯的实践，我们可以看到清醒思考在面对权威和集体压力时的重要作用。它不仅帮助我们在日常生活中做出明智的决策，还能够使我们勇于挑战不公，推动社会进步。清醒思考促使我们不断质疑现状，寻求更公正合理的解决方案，从而在复杂多变的环境中保持自我，坚持正义。下面的章节将进一步探讨如何在实际生活中培养和应用清醒思考的技能，确保我们在各种情境下都能保持理性和独立的思维。

在现代社会，信息泛滥和舆论操纵使得清醒思考显得尤为重要。社会学家诺姆·乔姆斯基在其批判媒体的研究中指出，媒体往往受到政治家和资本家的控制，传递的信息存在偏见和扭曲。因此，人们需要通过批判性思维，对媒体报道进行辨别和分析，以保持清醒的思考。

清醒思考不仅仅是个人层面的需求，也是社会进步的必然要求。社会学家埃米尔·杜尔凯姆认为，社会需要个体拥有独立的思维能力，才能实现稳定与发展。只有每个人都能保持清醒的思考，才能共同建设一个理性、公正的社会。

在这个信息泛滥的时代，培养清醒的思考能力变得尤为重要。教育学家约翰·迪齐曾说过：“教育的目标不是填鸭式的灌输，而是培养学生的思维能力和判断力。”这句话深刻地揭示了教育的本质，也提醒我们，清醒思考并非天生具备，而是需要通过教育和自我修炼来培养和强化。

对于个人而言，清醒思考的意义和价值在于指导人们做出正确的选择和行为。清醒思考能够帮助个人摆脱盲从和情绪化，理性地分析问题，做出理性的选择。在职场生涯中，清醒思考能够帮助个人辨别信息，做出明智的决策，提高工作效率和质量。在人际交往中，清醒思考能够帮助个人理性处理冲突，保持良好的人际关系，提高沟通能力。

在社会层面，清醒思考的意义和价值更为重大。一个拥有清醒思考能力的社会能够更好地应对各种挑战和危机，保持社会的稳定与和谐。只有每个公民都具备清醒思考的能力，才能共同参与社会治理，推动社会的进步和发展。因此，清醒思考不仅是个人的追求，也是整个社会的需要。

总的来说，清醒思考是人类智慧的象征，是理性社会发展的基石。通过具体历史社会事件的导入，结合专家的深度分析，我们深刻认识到了清醒思考的重要性和必要性。在这个信息泛滥的时代，培养和强化清醒思考能力，既是个人的需要，也是社会的需要。唯有如此，我们才能创造更加理性、公正与和谐的社会。

9.2 独立思维的培养与实践 4 步走

在人类历史长河中，独立思维一直是推动社会进步和个人成长的重要动力之一。然而，在当今社会，由于信息爆炸和舆论操纵，独立思维的培养与实践越发显得迫切和必要。本节将通过具体历史社会事件的导入，结合专家的分析，探讨独立思维的重要性、培养方法以及实践路径。

一个具有代表性的历史事件是 18 世纪的启蒙运动。启蒙运动是欧洲文化史上一次重要的思想革命，标志着人类从封建时代向现代社会迈进的重要一步。启蒙运动倡导自由、平等、理性和人权，激发了人们对于知识、真理和自由的追求。在这一时期，伏尔泰、卢梭、洛克等思想家通过他们的著作和言论，鼓舞人们开始质疑传统权威、批判迷信和专制，提倡个体的自由与独立思考。

伏尔泰曾说：“我不同意你说的话，但我誓死捍卫你说话的权利。”这句话不仅表达了言论自由的重要性，也强调了独立思维的价值。在启蒙运动中，人们逐渐认识到，只有通过独立思考，才能摆脱思想的枷锁，实现个人和社会的进步。

然而，即使在如此重要的历史时刻，独立思维也并非易得。在当时的欧洲社会，权威和传统观念根深蒂固，迷信和狭隘思想充斥着人们的生活。面对这样的现实，培养独立思维显得尤为艰难，需要个人有足够的勇气和智慧来突破外界的束缚。

专家们对于独立思维的培养提出了许多有益的建议。心理学家阿尔伯特·爱因斯坦曾说:“教育不是为了灌输思想，而是为了培养思维能力。”这句话表达了一个重要的观点，即独立思维并非天生具备，而是需要通过教育和实践来培养。在现代社会，教育应该注重培养学生的批判性思维、创造性思维和解决问题的能力，而非单纯地传授知识。

另一位专家卡尔·波普尔则提出了“批判性理性主义”的观点。他认为，独立思维并不意味着一味怀疑一切，而是要以批判的眼光审视世界，以理性的方法解决问题。波普尔主张，人们应该保持怀疑的态度，不盲目相信权威和传统观念，同时也不要轻易接受新的理论和观点，而是应该通过批判性的思考和实证的方法来验证其真伪。

除了教育和理论指导外，实践也是培养独立思维的重要途径。在日常生活中，人们应该勇于质疑和思考，不断地探索和学习。与他人交流和辩论也是培养独立思维的有效方式，通过与他人的碰撞和交流，可以拓展自己的思维边界，弥补自己的不足，从而更加坚定和清晰地表达自己的观点。

总的来说，独立思维是当今社会中每个人都应该具备的重要品质。在信息爆炸和舆论引导的时代，培养独立思维显得尤为重要和必要。通过教育、理论指导和实践，每个人都有可能成为一个具有独立思维的思想者和行动者，为个人的成长和社会的进步做出积极的贡献。

结合教育、实践和心理调适等多方面因素，我们可以通过一系列具体的步骤培养和强化独立思维，使其在日常生活和工作中得到有效应用。

第一步，培养批判性的思维习惯

批判性思维是独立思维的基础，它要求我们在面对信息时，不仅要接受表面的内容，更要深入分析和评估其真实性、逻辑性和主题相关性。例如，当你阅读新闻或接触到新信息时，不要马上接受或转发，而是提出几个关键问题：信息来源是否可靠？内容是否经过验证？是否存在逻辑漏洞？通过这种方式，你可以避免被虚假信息误导，并形成独立判断。

第二步，多角度思考问题

独立思维要求我们能够从不同的角度看待问题，避免单一视角带来的偏见。一个有效的方法是尝试扮演不同的角色，思考他们可能会如何看待同一个问题。例如，你是一名准大学生，并且正在考虑选择报考专业，可以尝试从家长、老师、职业顾问以及行业专家的角度来评估各个专业的优劣。通过这种角色扮演的方法，你可以获得更全面的视角，做出更加明智的选择。

第三步，培养信息获取和验证能力

在信息泛滥的时代，能够有效获取和验证信息是独立思维的重要保障。借助多种信息来源进行交叉验证，如专业期刊、学术专著、行业报告等，确保信息的全面性和可靠性。例如，你是一个小企业主，想要引进新技术，可以查阅相关的科技杂志、参加行业研讨会、咨询技术专家，并结合多方意见来评估这项技术的可行性和潜在风险。通过这种方式，你可以避免信息偏差，形成独立的判断。

第四步，实践后进行反思与自我评估

独立思维不仅需要在思考和决策过程中保持独立性，还需要在事后进行反思和评估，以不断优化思维过程。定期回顾自己的决策过程和结果，反思哪些地方可以做得更好。例如，你是一名职场新人，可以时常回顾你在项目中的表现，可以思考哪些决策是成功的，哪些地方可以改进，是否在过程中受到了外界过多的影响。通过这种反思与自我评估，你可以不断提高自己的独立思维能力，在未来做决策时更加自信和理性。

通过这四个步骤，我们可以在日常生活和工作中有效培养和实践独立思维。批判性的思维习惯、多角度思考问题、信息获取和验证能力的提升以及实践后的反思与自我评估，都是培养独立思维的重要方法。通过这些具体操作，我们不仅能够在信息泛滥的时代保持清醒和理性，更能够在面对复杂和多变的环境时做出明智和独立的决策。在后续的章节中，我们将继续探讨如何进一步提升和应用这些技能，确保在各种情境下都能保持独立的思维和判断。

9.3 批判性思维与辩证思维

在前两节，我们深入探讨了独立思维的重要性和培养方法。独立思维的基础是批判性思维，而批判性思维则通过辩证思维的应用来进一步深化。在本节中，我们将探讨这两者之间的关系，并通过历史事件、理论依据和具体的培养方法来展示如何在实践中应用这些思维方式。

批判性思维是独立思维的基石，它使我们在面对信息和问题时，能够进行深度分析和质疑，避免盲从和偏见。批判性思维的核心是质疑和验证，而辩证思维则提供了一个结构化的框架，帮助我们更全面地看待问题。辩证思维强调对立统一的观点，认为事物和现象是通过矛盾的对立和统一来相互联系和发展的。这种思维方式使我们能够从多角度、多层次进行分析，认清事物的本质和变化规律。

历史上有许多事件展示了批判性思维和辩证思维的力量。一个典型的例子是马丁·路德·金领导的民权运动。金博士通过批判性思维认识到种族隔离政策的本质是种族之间的不平等，并通过辩证思维看到了黑人和白人之间的对立与统一。他不仅批判现有的社会制度，还提出了非暴力抗争的辩证性策略，主张通过和平手段实现种族平等。金博士的成功不仅在于他的批判性分析，更在于他能够从辩证的角度理解社会变革的必要性和实现路径。

批判性思维的理论基础可以追溯到古希腊哲学。苏格拉底、柏拉图和亚里士多德是批判性思维的早期倡导者。苏格拉底通过对话和问答法（“苏格拉底方法”）激发学生思考，质疑他们的假设，并通过逻辑推理来探索真理。柏拉图在其对话录中，通过假设辩论的方式，揭示了哲学探究的批判性本质。亚里士多德则通过系统的逻辑学研究，奠定了批判性思维的逻辑基础。

在近代，弗兰西斯·培根强调经验主义和科学方法，他认为通过系统的观察和实验，可以克服人的认知偏见和谬误。笛卡儿则提出“我思故我在”，强调通过怀疑和理性思考来确定真理。康德的批判哲学进一步深化了对人类认知能力的研究，强调了理性和批判性反思的重要性。

辩证思维的理论基础则源于黑格尔和马克思。黑格尔的辩证法认为，事物的发展是通过矛盾的对立和统一实现的，他提出了著名的“正—反—合”三段论。马克思继承和发展了黑格尔的辩证法，提出了唯物辩证法，认为世界是普遍联系和永恒发展的。

苏格拉底通过批判性思维解决了许多哲学和社会问题。他通过不断质疑雅典人对正义、善良、美德等概念的传统看法，揭示了这些概念的复杂性和多样性。他的问答法不仅启发了学生，也促使整个社会反思其信仰和价值观。苏格拉底的批判性思维不仅帮助人们更深入地理解了哲学问题，也推动了古希腊民主政治的发展。

在近代，弗兰西斯·培根通过批判性思维，推动了科学革命。他批判了中世纪的经院哲学，提出了“四大偶像”理论，揭示了人类思维中的常见偏见和谬误。培根倡导通过实验和观察来获得知识，这一科学方法的提出，为现代科学奠定了基础。培根的批判性思维不仅改变了科学研究的方法，也促进了整个社会对知识和真理的追求。

在培养批判性思维和辩证思维的过程中，有几个具体的方法可以帮助我们增强这些重要的思维能力。

第一，多样化阅读是至关重要的

通过阅读不同观点的书籍和文章，我们可以学会从多个角度思考问题，避免陷入单一视角。例如，阅读关于某一历史事件的不同版本的记述，或者在科学和社会问题上寻求多种解释和论点。这种多样化的阅读有助于我们理解问题的复杂性和多样性，从而形成更全面的认识。推荐阅读的书籍包括霍华德·津恩的《美国人民的历史》和埃里克·霍布斯鲍姆的《极端的年代》，它们分别从不同的视角讲述了历史事件。

第二，自我质疑也是培养批判性思维的重要步骤

对所接受的信息进行质疑和分析，不轻信一切，是批判性思维的核心。我们应该习惯性地问自己：这些信息的来源是什么？是否有足够的证据支持这些观点？有没有其他可能的解释？例如，当阅读一篇新闻报道时，可以查阅多个新闻来源以确认其真实性，或寻找专家的评论来加深理解。卡尔·萨根的《魔鬼出没的世界》是一本极好的引导我们学会质疑和批判性思考的图书。

第三，善于思考和提出问题也是培养批判性思维的关键

我们应该培养思考的习惯，学会提出问题、寻找解决方案。每天花一些时间反思当天遇到的问题，思考可能的解决方法，并评估这些方法的优缺点。通过不断练习，我们可以提高自己解决问题的能力。丹尼尔·卡尼曼的《思考，快与慢》是一本关于人类思维和决策过程的经典著作，有助于我们理解和改进自己的思考方式。

第四，参加辩论和讨论活动可以有效地锻炼我们的辩证思维和批判性思维

在辩论和讨论中，我们需要迅速组织思路，逻辑清晰地表达观点，并对对方的论点进行批判。这样的活动不仅可以提高我们的思维敏捷度，还可以增强我们的表达能力和应变能力。推荐的书籍包括《学会提问：批判性思维指南》和《辩论的艺术》，它们提供了实用的辩论技巧和策略。

第五，学习逻辑学知识是掌握辩证思维和批判性思维基本原理和方法的有效途径

逻辑学教会我们如何进行正确的推理和判断，识别逻辑谬误，从而提高我们的思维准确性。通过系统学习逻辑学，我们可以更好地理解和运用批判性思维和辩证思维。亚里士多德的《工具论》和欧文 · M. 科匹的《逻辑学导论》是两本经典的逻辑学入门图书，适合想要学习逻辑学的新手。

通过这些方法，我们可以在日常生活和工作中有效培养并应用批判性思维和辩证思维。这不仅可以帮助我们在面对复杂问题时做出理性和独立的判断，还能在动态和多变的环境中保持清醒，灵活变通，推动个人和社会的不断进步。

9.4 自我认知与认知升级

自我认知是指个体对自己内在思想、情感和行为的认知和理解。它涉及对自己的思想、情感和行为的觉察和分析，以及对自己内在状态和外部环境的理解和反思。自我认知能够帮助个体更好地了解自己的优势和劣势，从而有针对性地进行个人成长和发展。

认知升级则是指个体在自我认知的基础上，通过学习、思考和体验，不断提升自己的认知水平和思维品质。它包括对知识、技能和智慧的积累，以及对社会和环境的深入理解和思考。认知升级能够帮助个体更好地应对复杂的社会环境和人际关系，提高自己的决策能力和问题解决能力。

总的来说，自我认知和认知升级是关于个体在认知领域中的重要概念，它们对于个体的成长和发展、社会的进步和变革都具有重要意义。

在本章的前三节，我们探讨了独立思维和批判性思维的重要性和培养方法。接下来，我们将在这节中，讨论如何通过深刻的自我认知和不断的认知升级，提升我们的思维能力和决策水平。

玛丽·居里是一个典型的通过自我认知和认知升级取得卓越成就的例子。她在面对巨大的科研难题和社会偏见的情况下，通过不断自我反思和学习，最终取得了辉煌的成就。

居里夫人在年轻时面临着性别歧视和资源匮乏的双重困境。作为一个女性科学家，她必须付出比男性同行更多的努力来证明自己的能力。她通过深刻的自我认知，认识到自己在科学研究中的优势和需要提升的短板。她勤奋地学习物理和化学，克服了学术界的性别偏见，并与丈夫皮埃尔·居里一起，开辟了放射性研究的新领域。

在她的研究过程中，她不断进行认知升级。不仅在理论上深入学习，还通过大量实验获取了第一手数据。她发现了镭和钋两种新元素，并提出了“放射性”概念，这一突破性发现为医学和物理学的发展做出了巨大贡献。她没有局限于当时已有的研究方法，而是通过不断反思和实验，不断扩展自己的认知边界。

居里夫人的成功不仅在于她的科学发现，还在于她通过自我认知和认知升级，越过了重重障碍，实现了个人和科学的双重突破。她的故事告诉我们，自我认知和认知升级是不断进步和成功的关键。

自我认知和认知升级的理论基础涉及心理学和社会学领域的多个理论。以下是其中一些主要原理。

1. 认知失调理论

认知失调理论是由心理学家利昂·费斯廷格提出的，指的是当个体的认知和行为之间存在矛盾冲突时，个体会产生一种不舒服的心理状态，即认知失调。这种不舒服的状态会驱使个体采取行动来消除认知上的不一致，促使个体进行自我认知和认知升级。

2. 社会比较理论

社会比较理论认为，个体在评价自己的能力、态度和价值观时，会将自己与他人进行比较。根据与他人的比较结果，个体可能会调整自己的认知和行为，以适应社会环境和他人的期望，从而促进自我认知和认知升级。

3. 自我效能感理论

自我效能感理论是由心理学家阿尔伯特·班杜拉提出的，指的是个体对自己能够完成特定任务的信心和期望。当个体拥有较高的自我效能感时，他们更有可能积极参与学习和探索新知识，从而促进自我认知和认知升级。

4. 社会认同理论

社会认同理论认为，个体会通过与特定社会群体建立联系和认同，来塑造自己的认知，影响自己的行为。社会认同的形成会受到社会环境、文化背景和个体经历的影响，从而影响个体的自我认知和认知升级过程。

5. 自我概念理论

自我概念理论强调个体对自己的认知和理解是一个动态的过程，会随着时间和经历的变化而发生变化。个体的自我概念包括对自己的认知、情感和态度，通过不断的自我反思和认知升级，个体可以更好地理解自己，从而促进个体的成长和发展。

在了解了这些理论后，我们该怎样培养自我认知，以及针对具体问题如何应用呢？

首先，定期进行自我反思是培养自我认知的重要方法。我们可以通过写日记、冥想或与他人交流来回顾和反思自己的行为、思考模式和情感反应。问自己：今天我做了什么决定？做这些决定的依据是什么？我在这个过程中是否有偏见或盲点？通过这些问题，我们可以更清晰地认识自己的思维模式和潜在的认知偏差。

其次，通过持续学习和接受新信息来进行认知升级。阅读专业书籍、参加讲座和课程、与专家交流，都是提升认知水平的重要途径。例如，如果你是一名工程师，可以通过学习最新的科学技术和工程方法，不断提升自己的专业知识和技能。推荐阅读的书籍包括《如何阅读一本书》以及《思想的力量》，它们可以帮助你系统地提升学习和思考能力。

再次，寻求反馈也是提升自我认知的重要方法。通过与同事、朋友和导师交流，获取他们对你的行为和思维的反馈，能够帮助你识别盲点和改进思维方式。例如，在工作中，可以定期与上司和同事进行绩效评估、举办反馈会议，了解自己在团队中的表现和需要改进的地方。

最后，勇于挑战自己的舒适区，尝试新事物和新方法。通过不断尝试和失败，你可以积累更多的经验，拓展自己的认知边界。例如，学习一种新的语言、参加不同领域的项目或旅行，都可以帮助你拓宽视野，提升认知能力。

通过这些方法，我们可以在日常生活和工作中不断提升自我认知和进行认知升级。这不仅帮助我们更好地认识自我，掌控自己的人生，还能提升我们的思维能力和决策水平，使自己的人生迈上新的阶梯。

第十章

认知操纵与未来趋势

10.1 认知操纵的未来发展

认知操纵作为一种影响人们思想和行为的重要手段，其在未来将面临着新的发展和挑战。

设想一下，公元2040年，一个名叫莉娜的年轻女性生活在一个高度互联和数据驱动的社会中。莉娜是一名市场分析师，日常工作依赖先进的人工智能和大数据分析技术。然而，她并不知道，自己每天接触的信息和做出的决策，正在被一种极其先进的认知操纵系统影响。

莉娜每天早晨醒来，第一件事就是查看她的智能手表，这款设备不仅监测她的健康数据，还能根据她的情绪状态和睡眠质量，推送个性化的新闻和广告。手表上的信息都是经过高度定制化处理的，广告商通过复杂的算法分析莉娜的作息习惯、购买记录、社交互动等，为她推送最具吸引力的产品和服务。这些信息不仅精准，还经过微调，利用心理学原理将吸引力最大化，使得莉娜在不知不觉中被引导消费和决策。

在上班路上，莉娜的增强现实眼镜开始推送本地新闻和市场动态。她并不知道，这些新闻和市场动态背后有一个巨大的数据分析中心，能通过实时收集和处理城市中每个人的活动数据，制造出最能引发公众关注和情绪波动的新闻内容。这个系统不仅能识别个体的情感反应，还能预测公众舆论的变化趋势，从而调整信息推送策略，引导社会舆论的走向。

到了办公室，莉娜开始一天的工作。她使用的市场分析软件能够自动生成市场报告和策略建议。这些建议不仅基于当前的市场数据，还结合了对全球经济和政治趋势的分析，甚至还包含了关于竞争对手的情报。然而，莉娜不知道的是，这些策略建议已经被大数据操纵系统悄然调整，以引导她的公司向特定方向发展，甚至可能会影响整个行业的走向。

午休时间，莉娜和同事们讨论最近的公司决策和市场动向。他们的观点似乎是自主产生的，但实际上，社交媒体和内部通信系统中的信息已经经过精心设计和过滤，确保员工们接收到的信息一致且有利于公司整体战略。这个系统通过情感分析技术，监控员工们的情绪和反应，及时调整信息内容，维持公司内部的和谐和凝聚力。

工作结束，莉娜回到家中，开启了智能家居系统。她的智能助手根据她的日程安排和喜好，准备了晚餐并推荐了几部电影。她选择了其中一部电影，完全沉浸在剧情中，使一天的疲惫得到缓解。然而，她并不知道，这部电影的选择背后也是数据分析的结果，旨在引导她的情绪，进一步巩固她的消费习惯和品牌忠诚度。

这个情景故事展示了未来认知操纵可能的发展方向。通过高度智能化和个性化的数据处理和信息推送系统，人们的日常生活、工作决策和社交互动都可能在不知不觉中被引导和影响。这种认知操纵不仅涉及个人层面的消费行为，还可能对整个社会的舆论走向和各行业的发展产生深远影响。

未来的认知操纵技术将结合人工智能、大数据和心理学原理，使信息操纵变得更加有效和难以察觉。我们需要提高对这些技术的认识和警惕，发展相应的防御和应对策略，确保我们在享受科技带来的便利的同时，仍能保持自主和独立的思考能力。

在未来的认知操纵领域，我们可以预见一系列显著的发展趋势。这些趋势不仅会改变个人的日常生活，也将深刻影响整个社会的运作方式。通过对科技发展态势、心理学研究和社会动态的分析，我们可以大致勾勒出认知操纵未来发展的几大可能性。

第一，个性化和精准操纵将变得更加普遍和隐蔽

随着人工智能和大数据技术的不断进步，系统能够实时收集和分析个人的行为数据、情感反应和认知模式。这些数据不仅来自传统的在线活动，还来自智能设备、可穿戴设备和物联网设备等。这意味着，每个人接收到的信息都将经过高度订制，使其影响力最大化。广告、新闻、娱乐内容甚至教育资源，都将根据个人的偏好和需要进行调整，使得信息操纵变得无处不在且难以察觉。

第二，社会舆论的引导和控制将变得更加精细化

未来的认知操纵系统不仅能够影响个体，还能通过对集体行为数据的分析，预测并引导公众舆论的走向。例如，在重大社会事件发生时，系统可以快速生成并传播特定观点，利用情感共鸣和群体心理效应，迅速影响公众情绪和行为。这种精细化的舆论引导能力，可能被用于政治选举、社会运动和商业竞争中，产生深远的社会影响。

第三，情感计算和情感操纵将成为认知操纵的重要组成部分

情感计算技术可以识别并分析个体的情感状态，通过调整信息的内容和传递方式，直接影响个人的情绪反应。未来的认知操纵系统将结合情感计算技术和心理学原理，设计出能够引发特定情感反应的信息内容。例如，通过推送具有强烈情感色彩的新闻或广告，系统可以在短时间内激发用户的购买欲望或社会参与热情。

第四，认知操纵的道德和伦理问题将变得更加复杂和紧迫

随着认知操纵技术的广泛应用，隐私保护、信息透明和自主决策权等问题将成为社会关注的焦点。如何在利用认知操纵技术的同时，保护个人隐私和自主权，将是未来面临的重大挑战。政策制定者、技术开发者和社会各界需要共同努力，制定和实施有效的法规和标准，以确保技术的发展不会损害个人和社会的利益。

第五，认知操纵技术的发展将推动防御和对抗技术的同步进步

随着认知操纵手段的日益复杂，个人和组织也将寻求相应的防御和对抗策略。信息验证工具、隐私保护技术和认知训练方法，将成为抵御认知操纵的重要手段。例如，人工智能驱动的反操纵系统，可以帮助用户识别和过滤潜在的操纵信息，保护其认知自主权。同时，教育和培训也将在提升公众的认知素养和批判性思维能力方面发挥重要作用。

第六，跨国界的认知操纵将成为新的国际博弈场

随着信息技术的全球化，国家间的认知操纵和反操纵斗争将日益激烈。各国政府和跨国企业可能会利用先进的认知操纵技术，开展信息战和舆论战，影响他国的政治、经济和社会稳定。国际社会需要建立有效的合作机制和监管框架，防止认知操纵技术被滥用于国际斗争，维护全球信息空间的安全和秩序。

综上所述，未来的认知操纵将呈现个性化、精细化、情感化和全球化等趋势。这种技术的进步和应用，将对个人生活、社会运行和国际关系产生深远影响。为了应对这些挑战，我们需要提升认知素养，加强技术监管，推动伦理研究，确保在享受科技进步带来的便利的同时，能够保护个人和社会的自由与公平。未来的认知操纵将不仅是技术问题，更是对社会、伦理和政策的综合挑战，需要我们共同努力，探索解决之道。

在后续的章节中，我们将进一步探讨如何应对这些挑战，以确保我们的认知和决策不被外部力量操纵，维护个人和社会的自由与公平。

10.2 技术与认知操纵

在过去几十年里，技术的快速发展极大地改变了认知操纵的方式和效力。从早期的传统媒体，到现今的社交媒体和人工智能，再到未来可能出现的更高级的技术手段，人们的心理和行为都在随之变化，企业家则通过这些变化，不断调整和优化操纵策略。通过一个个具体的情景故事，我们可以更清晰地理解认知操纵技术的演变及其对人类心理和社会的深远影响。

1．早期的认知操纵：传统媒体时代

首先让我们回到20世纪中期的美国，当时正处于电视时代。彼得是一名普通的中产阶级工人，他生活节奏平稳，每天上下班，晚上回家与家人一起吃晚饭，然后坐在客厅里看电视。在那个时代，电视是主要的信息来源，几家大的电视网络主导了公众舆论。新闻节目、电视剧和广告通过这一媒介渗透到每个家庭中，影响着人们的观点和行为。

彼得每天晚上都会看新闻，这是他了解外界的重要途径。新闻内容经过严格筛选和编辑，意在维护主流价值观和社会稳定。在观看新闻时，彼得很少会质疑其真实性和客观性，因为他相信这些由权威媒体发布的信息是可靠的；而广告则通过简洁而有力的视觉和语言信息，影响着彼得的消费决策。例如，电视广告不断强调某品牌的汽车如何象征着成功和地位，这种信息慢慢渗透到彼得的潜意识中，使他在挑选汽车时，自然而然地倾向于这个品牌。

在这个过程中，企业家通过掌控电视网络和广告市场，有效地影响了公众的认知和行为。电视广告不仅宣传产品，还在潜移默化中塑造了社会的消费文化和价值观，使彼得在不知不觉中接受并内化了广告所传递的价值，成为这种文化的一部分。

2. 当前的认知操纵：数字媒体和社交媒体时代

时间快进到2020年，彼得的孙女艾米莉生活在一个完全不同的世界。艾米莉是一名大学生，她的日常生活离不开智能手机和社交媒体。与彼得的时代不同，艾米莉获取信息的方式极为多样化，新闻、社交互动和娱乐内容都通过互联网和移动设备呈现。她每天醒来的第一件事就是查看手机上的通知，浏览社交媒体上的最新动态。

在社交媒体时代，信息的传播速度和覆盖范围达到了前所未有的程度。艾米莉每天接触到的信息量是彼得的数倍，甚至更多。这些信息不仅仅来自传统的新闻媒体，还有大量的用户生成内容（UGC），包括博客、视频、评论和帖子等。信息的多样性和即时性使得艾米莉能够接触到更多的观点，但也让她难以分辨信息的真实性和重要性。

艾米莉使用的社交媒体平台通过复杂的算法分析她的兴趣、行为和社交关系，为她推送高度个性化的信息。这些算法不仅仅是为了提高用户体验，更是为了增加用户在平台上的停留时间，从而提升广告收益。广告商还可以根据这些精准的数据，推送更加有针对性的广告。例如，当艾米莉在社交媒体上浏览某个时尚品牌的帖子时，接下来的几天她的时间线上就会出现这个品牌的广告。这种高效的广告投放方式极大地提高了广告的转化率。

在这一过程中，企业家通过掌握和利用社交媒体平台的用户数据，进一步深化了对公众的认知操纵。社交媒体不仅是信息传播的工具，还是影响用户情感和行为的强大武器。在不知不觉中，艾米莉被社交媒体上的内容引导着她的消费习惯和生活方式。

3．未来的认知操纵：人工智能与虚拟现实时代

展望未来，2050 年，艾米莉的女儿莉娜生活在一个更加科技化和智能化的世界。莉娜的生活被人工智能（AI）和虚拟现实技术（VR）深刻改变。她的家中有一个高度智能化的助手系统，不仅能处理家务，还能根据她的情绪和需求提供个性化的建议和服务。

莉娜的日常信息获取主要通过智能眼镜和脑机接口设备，这些设备能够实时分析她的脑电波和生理反应，为她推送最适合的内容。虚拟现实技术让莉娜能够身临其境地体验新闻事件、购物和娱乐活动。例如，当莉娜想要购买一件新衣服时，她可以直接在虚拟现实环境中试穿，并获得 AI 助手的建议，整个购物过程变得更加直观和高效。

在这个时代，认知操纵达到了新的高度。企业家不仅能够通过 AI 技术和 VR 技术精确分析和预测个体的行为和偏好，还可以实时调整信息内容，以使其影响力最大化。莉娜在虚拟现实中看到的每一条广告、新闻和娱乐内容，都经过精心设计，旨在引导她的情绪和决策。例如，当莉娜感到有压力时，AI 助手会推送一些助人放松的音乐和购物优惠，以舒缓她的情绪，并引导她进行消费。

4．技术进步对人类心理和社会的影响

随着技术的不断进步，人们的心理和行为方式也在发生变化。在传统媒体时代，人们对信息的接收较为被动，信任权威媒体和广告商的宣传；而在数字媒体和社交媒体时代，信息的多样性和即时性使得人们有了更多的选择，但也更容易受到信息过载和虚假新闻的影响。未来，随着 AI 技术和 VR 技术的广泛应用，人们将面临更加复杂和隐蔽的认知操纵。

这些变化带来了新的心理挑战。在面对大量信息时，人们容易产生认知疲劳和决策困难。个性化和精准操纵虽然提高了信息的相关性，但也可

能加剧信息茧房效应，使得个体只接触到符合自己观点的信息，难以全面理解和分析问题。为了应对这些挑战，人们需要提高自己的认知素养和批判性思维能力，学会识别和抵御潜在的认知操纵。

刚刚提到，企业家在不同技术时代通过不断调整和优化操纵策略，最大化其利益。在传统媒体时代，企业家通过掌控电视网络和广告市场，影响公众的认知和行为；随着数字媒体和社交媒体的兴起，企业家则利用大数据和算法，提高广告的精准度，增强其影响力；未来，AI 技术和 VR 技术将使得认知操纵更加高效和隐蔽，企业家可以通过实时分析和调整信息内容，引导个体和社会的行为。

在这个过程中，企业家的核心策略是利用技术手段增强对信息的控制，通过精准的个性化推送和情感操纵，影响个体的情绪和决策；同时，企业家还通过投资和控制技术平台，控制信息传播的渠道，掌握信息推广的规则，从而在信息传播和社会舆论中占据主导地位。

可以看出，技术的进步极大地改变了认知操纵的方式和效力。在不同的技术时代，人们的心理和行为方式不断变化，企业家则通过不断调整和优化操纵策略，影响公众的认知和行为。未来，随着 AI 技术和 VR 技术的广泛应用，认知操纵将变得更加精准和隐蔽，给个人和社会带来新的挑战。为了应对这些挑战，我们需要提高认知素养和批判性思维能力，学会识别和抵御潜在的认知操纵，确保我们在享受科技进步带来便利的同时，能够保持自主和独立的思考能力。

在后续的章节中，我们将进一步探讨如何应对这些挑战，以确保我们的认知和决策不被外部力量操纵，维护个人和社会的自由与公平。

10.3 个人防御与社会对策

在第九章中，我们探讨了传统的个人防御和社会对策，这些策略主要侧重于对批判性思维和独立思维的培养，以帮助个体在信息过载和认知操纵的环境中保持清醒。然而，随着技术的迅猛发展，未来的认知操纵手段将更加精准和隐蔽，传统的防御手段，如批判性思维和多角度思考，虽然仍然重要，但已经不足以应对更加复杂的操纵手段。因此，个人和社会需要进化出更加复杂和有效的防御机制。以下，我们将探讨个人和社会如何通过进化的策略应对未来的认知操纵挑战。

首先，个性化防御工具将变得至关重要。未来，个人可以使用由人工智能驱动的认知防御系统，这些系统能够实时监控和分析个人所接触的信息流，识别潜在的操纵内容。例如，当莉娜在社交媒体上浏览讯息时，她的智能助手能够自动识别并标记那些试图操纵她情绪的广告和帖子，并提供详细的分析报告，帮助她理解这些内容的真实意图。通过这种方式，个体面对被动接收到的信息，可以主动地进行信息过滤和分析。

其次，提升情感智能和自我管理能力也是未来个人防御的重要方面。认知操纵往往通过情感共鸣和情绪操纵来影响个体的决策，因此，了解和管理自己的情感反应变得尤为重要。通过情感智能训练，如正念冥想和情感管理课程，个体可以学会识别和调节自己的情绪反应，从而减少被操纵的风险。例如，当莉娜感到压力时，她可以通过正念冥想来放松自己，避免冲动消费或做出情绪化的决策。

最后，持续学习并提升自我是防御认知操纵的长久之道。未来的教育将更加注重培养个体的终身学习能力，使人们能够不断更新自己的知识和技能，适应快速变化的环境。通过在线课程、专业培训和跨学科学习，个体可以掌握前沿知识，从而在面对新型认知操纵手段时具备更强的分析和应对能力。例如，莉娜可以通过参加在线课程，学习数据分析方法和心理学原理，提升自己对信息操纵的识别和防御能力。

在社会层面，传统的监管和教育措施虽然重要，但在面对未来复杂的认知操纵技术时，已经显得力不从心。社会需要进化出更为系统化和多层次的对策，结合技术、政策，同时让公众参与进来，构建一个全面的防御体系。

第一，技术监管与开发并重

政府和相关机构需要制定和实施严格的技术监管政策，确保人工智能和大数据技术的使用符合伦理标准和隐私保护要求。同时，推动透明技术的发展，如开源算法和透明数据处理，确保公众能够理解和监督技术的应用。例如，政府可以要求社交媒体平台公开其内容推荐算法，并接受独立机构的审查，以防止算法被滥用于操纵用户。

第二，提升公众的信息素养和认知防御能力

通过对教育系统的改革，建立健全的公共教育体系，将信息素养和批判性思维纳入基础教育课程，使下一代能够从小培养识别和抵御认知操纵的能力。同时，通过公共宣传和社区活动，普及认知防御的知识和技能，增强全社会的防御能力。例如，社区可以定期举办讲座和工作坊，邀请专家讲解认知操纵的原理和防御方法，帮助居民提高防范意识和能力。

第三，共同应对

社会需要建立多方参与的共治机制，推动公众、企业和政府之间的合作，共同应对认知操纵的挑战。通过建立跨部门和跨领域的协作平台，促进信息共享和经验交流，形成协同防御的合力。例如，政府可以联合科技公司和非政府组织，成立认知操纵防御联盟，共同开发防御工具、推广防御方法，提高社会整体的防御能力。

未来的认知操纵防御，不仅需要技术上的创新，还需要伦理和法律层面上的支持。只有在技术和伦理的双重保障下，才能构建一个健康的、可持续的信息生态系统。

在技术层面，推动开发具有防御功能的智能系统，如智能浏览器插件和个性化防御助手，帮助个体识别和应对潜在的认知操纵。例如，开发一种智能浏览器插件，该插件可以自动检测和标记网页上的操纵性内容，并提供详细的风险提示和应对建议。个体可以根据提示，选择屏蔽或忽略这些内容，从而降低被操纵的风险。

在伦理层面，制定和推广信息操纵的伦理准则和行为规范，确保技术的开发和应用遵循伦理标准和社会导向。例如，政府和行业协会可以制定信息操纵的伦理指南，要求科技公司在开发和应用人工智能和大数据技术时，遵守透明、诚信和负责任的原则。同时，推动成立独立的伦理委员会，对信息操纵技术进行审查和监督，确保其应用符合伦理要求。

为了更好地理解这些防御机制的实际应用，我们来看一个故事，该故事讲述了艾薇是如何通过个人努力和社会支持，成功抵御认知操纵，实现认知升级和个人成长的。

> 艾薇是一名大学生，生活在一个高度数字化和智能化的社会中。起初，艾薇和许多年轻人一样，沉迷于社交媒体和在线购物，经常被广告和推送内容吸引，做出许多冲动消费的决定。然而，在一次课堂上，艾薇听到了一位教授关于认知操纵的讲座，这激发了她的兴趣，使她开始思考这一问题。
>
> 艾薇决定改变自己的信息消费习惯。她下载了一款智能浏览器插件，这款插件可以自动检测和标记网页上的操纵性内容，并提供

详细的风险提示和应对建议。每当她浏览网页或社交媒体时，插件都会提醒她哪些内容可能存在操纵风险，帮助她识别和过滤不良信息。

同时，艾薇开始参加情感智能训练课程，学习正念冥想和情感管理技巧。通过这些课程，她学会了如何识别和调节自己的情绪反应，避免因情绪波动而做出冲动决策。每当她感到压力大时，她都会通过正念冥想来放松自己，从而保持冷静和理性。

为了提升自己的认知水平，艾薇还报名参加了一些在线课程，学习数据分析方法和心理学原理。她希望通过这些课程，深入了解信息操纵的技术和心理机制，增强自己的分析和应对能力。在学习过程中，艾薇结识了一群志同道合的朋友，他们组成了一个学习小组，定期交流和分享学习心得。

在社会层面，艾薇所在的大学也积极推动信息素养和认知防御的教育。学校不仅将信息素养和批判性思维纳入基础课程，还定期举办讲座和工作坊，邀请专家讲解认知操纵的原理和防御方法。艾薇积极参加这些活动，不断提高自己的防范意识和能力。

同时，艾薇所在的社区也开展了一系列认知防御的宣传和教育活动。社区组织定期举办讲座和讨论会，向居民普及认知操纵的知识和技能，帮助他们识别和应对潜在的风险。艾薇积极参与这些活动，不仅使自己受益，还帮助家人和朋友提高了防范意识和能力。

通过个人努力和社会支持，艾薇成功抵御了认知操纵，实现了认知升级和个人成长。她不仅学会了如何识别和应对潜在的操纵，还通过持续学习和自我提升，增强了自己的分析和决策能力。艾薇的故事告诉我们，面对未来复杂的认知操纵挑战，个人和社会都需要不断进步和更新，才能保护个人和社会的自由与公平。

在未来复杂的认知操纵环境中，传统的防御手段已经不足以应对更加复杂的操纵手段，因此，我们需要进化出新的个人防御机制，包括个性化防御工具、情感智能训练和持续学习。同时，社会也需要制定更为系统和全面的方案，结合技术和政策，为公众构建一个全面的防御体系。在技术和伦理的双重保障下，我们才能构建一个信息安全的社会。

10.4 未来趋势与劝导策略的选择

在认知操纵的最后部分，我们将探讨未来的认知操纵趋势以及合理劝导策略的选择。认知操纵与合理劝导虽然都涉及影响他人的思维和行为，但两者之间有着本质的区别。认知操纵往往是隐蔽和无意识的，而合理劝导则是明显和有意识的。在这一节中，我们将探讨如何在技术日益发展的背景下，划清合理劝导与认知操纵的界限，确保我们的行为符合伦理和道德标准。

认知操纵和合理劝导的核心区别在于意图和方法。认知操纵通常是通过隐蔽的方式，利用心理学原理和技术手段，悄无声息地影响个体的思维和行为，使其在不知不觉中做出符合操纵者意图的决策。操纵者往往不会公开其目的，受控者也未必意识到自己被影响。例如，通过算法操纵社交媒体内容推送，影响用户的情绪和决策，这是典型的认知操纵。

合理劝导则是通过公开透明的方式，基于理性和逻辑，向他人展示观点和证据，试图说服对方采纳某种观点或采取某种行为。劝导者会明确表达其目的，而受劝导者则会掌握充分的信息，自主做出决策。例如，通过广告宣传，展示产品的优点并鼓励消费者购买，这是一种合理的劝导行为。

随着技术的不断进步，劝导策略也在不断演变。未来，技术将更加深入地融入劝导过程，使其更加精准和有效。未来的劝导将更加个性化，通过大数据和人工智能技术，深入分析个体的兴趣、行为和情感状态，定制化地提供劝导信息。例如，健康应用可以根据用户的健康数据，提供个性化的健康建议和激励措施，帮助用户形成健康的生活习惯。

未来的劝导将更强调互动性，通过虚拟现实技术（VR）和增强现实技术（AR），提供沉浸式体验，使受劝导者更容易理解和接受劝导信息。例如，环保组织可以通过 VR 技术，以虚拟的形式展示环境被破坏的真实场景和后果，来增强公众的环保意识和行动意愿。

未来的劝导将更加注重实时反馈，通过物联网（IoT），实时监测和反馈受导者的行为和反应，及时调整劝导策略。例如，教育应用可以实时监测学生的学习进度和情绪状态，提供个性化的学习建议和激励，帮助学生保持学习动力和效果。

未来的劝导将更加注重情感智能，通过情感计算技术，识别和分析受劝导者的情感状态，提供侧重于情感共鸣和支持的劝导信息。例如，心理健康应用可以通过情感分析，提供个性化的心理支持和劝导，帮助用户应对压力和情感困扰。

在技术赋能劝导策略的同时，我们必须警惕其可能带来的伦理和道德风险。划清合理劝导与认知操纵的界限，是确保劝导行为符合伦理和道德标准的关键。

合理的劝导应确保信息透明，并获得受劝导者的同意。在劝导过程中，劝导者应明确表达其目的、方法和潜在影响，使受劝导者能够在充分知情的情况下，自主做出决策。例如，在健康应用中，用户应明确了解其健康数据的使用方式和目的，并同意接受个性化的健康建议。

合理的劝导应尊重受导者的自主权和自由意志，不应通过隐蔽或强制手段影响受导者的决策。劝导者应提供充分的信息和理性的论据，帮助受劝导者自主做出决策，而不是通过操纵手段暗示或强迫受劝导者接受某种观点或行为。例如，环保组织应通过事实和证据，展示环境保护的重要性，而不是通过情感操纵或恐吓手段影响公众行为。

合理的劝导应平衡受劝导者的利益和潜在风险，不应以牺牲受劝导者的利益为代价来追求劝导者的目标。劝导者应评估和管理劝导行为的潜在风险，确保劝导行为使受劝导者的利益最大化。例如，在教育应用中，教育机构应确保个性化学习建议的科学性和有效性，避免因不当建议对学生造成负面影响。

社会应建立和推广劝导行为的伦理规范和监督机制，确保劝导行为符合伦理和道德标准。政府、企业和社会组织应共同制定和实施劝导行为的伦理准则，建立独立的伦理监督机构，对劝导行为进行审查和监督，确保其合法性和合规性。例如，科技公司应成立伦理委员会，对劝导技术的开发和应用进行审查，确保其符合伦理标准，具有正向的社会价值。

随着技术的不断进步，劝导策略将变得更加精准和有效。然而，在追求技术进步的同时，我们必须始终牢记伦理责任，分清合理劝导与认知操纵的界限。通过信息透明、知情同意、尊重自主权和平衡利益与风险，我们可以确保劝导行为符合伦理和道德标准，实现技术与伦理的双重进步。

在未来，技术将继续推动社会的进步和发展，同时也带来新的挑战和机遇。我们需要不断提升自身的认知素养和防御能力，学会识别和抵御潜在的认知操纵，确保我们的决策和行为始终基于理性和自由意志。同时，社会各界也需要共同努力，建立和推广劝导行为的伦理规范和监督机制，确保技术的应用符合伦理标准和社会规范。

这本书从认知操纵的基本概念开始，逐步深入探讨了技术进步对认知操纵的影响、个人和社会的防御策略，以及劝导策略的发展趋势。通过这些章节，希望读者不仅能够理解认知操纵的复杂性和多样性，还能够在面对未来的挑战时，保持清醒和理性，做出明智和负责任的决策。在这个信息爆炸和技术飞速发展的时代，认知操纵已经成为一个不可忽视的重要议题。只有通过不断学习来提升自我，我们才能在信息的洪流中保持自主和独立，守护我们的自由和尊严。